Arbeitsmethoden
der modernen Naturwissenschaften

Messung und Verhütung der
Metallkorrosion

Richtlinien und ausgewählte Beispiele

Von

FRITZ TÖDT

Dr. Ing. habil. Dozent an der Universität Berlin

Mit 55 Abbildungen im Text

Berlin 1941

W A L T E R   D E   G R U Y T E R   &   C O .

vormals G. J. Göschen'sche Verlagshandlung / J. Guttentag, Verlagsbuchhandlung / Georg Reimer / Karl J. Trübner / Veit & Comp.

vormals G. J. Göschen'sche Verlagshandlung — J. Guttentag, Verlagsbuchhandlung — Georg Reimer — Karl J. Trübner — Veit & Comp.
Berlin W 35, Woyrschstraße 13

Archiv-Nr. 52 72 41 Printed in Germany
Druck von Walter de Gruyter & Co. Berlin W 35

Meiner Frau gewidmet

VORWORT

Angesichts der großen wirtschaftlichen Bedeutung der Metallkorrosion ist es nicht verwunderlich, daß Wissenschaft und Technik sich mit diesem Gebiet schon immer sehr stark beschäftigt haben. So enthält z. B. das Werk von E. Rabald: Werkstoffe und Korrosion allein über die Eisenkorrosion bis 1931 etwa 3000 Literaturangaben. Es ist daher unmöglich, in einem kurzgefaßten Buch über Metallkorrosion alle bisherigen Ergebnisse auch nur im entferntesten zu berücksichtigen. Es ist eine solche Fülle von z. T. sehr wertvollem Material veröffentlicht, daß eine Verarbeitung und Auswertung und damit auch die Nutzbarmachung für die Praxis immer mehr auf Schwierigkeiten stößt.

Zusammengefaßte Darstellungen über das gesamte Korrosionsgebiet sind heute in Deutschland in Form mehrerer ausführlicher Werke vorhanden: Bauer, Kröhnke und Masing, Die Korrosion metallischer Werkstoffe, Band I bis III; Rabald, Werkstoffe und Korrosion und als kürzestes mit 742 Seiten die deutsche Übersetzung von Evans, Korrosion, Passivität und Oberflächenschutz.

Das vorliegende Buch verfolgt das Ziel, das Korrosionsgebiet gegenüber den genannten Werken um das Vielfache gekürzt darzustellen. Daß hierbei auf eine Beschreibung aller Einzelheiten verzichtet werden muß, liegt in der Natur der Sache. Die aus der ungeheuren Fülle des Materials herausgegriffenen Ergebnisse sind daher als Beispiele aufzufassen, deren Auswahl ohne eine gewisse Willkür nicht möglich ist. Bevorzugt berücksichtigt wurden die in den letzten zwei bis drei Jahren in der Zeitschrift Korrosion und Metallschutz veröffentlichten Arbeiten. Der Korrosionsschutz durch Anstriche und galvanische Metallüberzüge ist, um einen zu großen Umfang zu vermeiden, nur kurz und andeutungsweise beschrieben. Dies konnte schon deswegen ohne Bedenken geschehen, weil es sich hier um Sondergebiete handelt, über die z. B. in dem 3. Band von Bauer, Kröhnke und Masing über Korrosionsschutz, der im Jahre 1940 erschienen ist, zusammengefaßte Übersichten gegeben sind. Dasselbe gilt von der Herstellung chemischer und elektrochemischer Färbungen für den Korrosionsschutz (Brünieren von Eisen, Farbbeize von Kupfer usw.) sowie die Vorbereitung der Oberfläche von Eisen und Stahl für Schutzüberzüge (Beizen und Entfetten).

Eine gekürzte und leicht zu übersehende Bereitstellung umfangreicher Teilgebiete wird auf dem Korrosionsgebiet immer mehr angestrebt. Merkmale für diese Entwicklung sind z. B. die in den letzten Jahren gerade in Deutschland besonders stark in den Vordergrund getretenen Bemühungen, einzelne Teilgebiete der Korrosion normenmäßig zu erfassen, wodurch man gewissermaßen Sammelergebnisse über Gebiete erhält, die zunächst wegen ihrer Größe und Vielseitigkeit schwer zu übersehen sind. Daher wurden diese Normungsarbeiten besonders ausführlich wiedergegeben.

Die getrennte Behandlung der Korrosionsmessung und der Korrosionsverhütung erwies sich für die Gliederung als vorteilhaft. Andererseits läßt sich eine Trennung dieser beiden Begriffe nicht immer vollständig durchführen, da die Feststellung der Korrosionsursache in vielen Fällen die Hauptarbeit bedeutet, die man leisten muß, um der Korrosion Herr zu werden.

Von einer Benutzung mathematischer Formeln wurde im Interesse der Anschaulichkeit bewußt abgesehen. Außerdem lassen sich die wichtigsten Zusammenhänge auf dem Korrosionsgebiet und vor allem die praktischen Anwendungen der Korrosionsmessung ohne Mathematik einfacher und klarer darstellen.

Das Buch wendet sich vor allem an diejenigen, welche sich durch eine kurzgefaßte Darstellung über die Arbeitsmethoden und Richtlinien, wie sie auf dem Korrosionsgebiet angewandt werden, unterrichten wollen, ohne hierbei ein ausführliches Werk oder ein größeres Schrifttum durcharbeiten zu müssen.

Herrn Dr. L. Schriever spreche ich für die Anfertigung des Registers meinen Dank aus.

Berlin, April 1941. F. Tödt

INHALT

ABKÜRZUNGSVERZEICHNIS

B. I. = Bauer, O., Kröhnke, O. und Masing, G. Die Korrosion metallischer Werkstoffe. Band I. Die Korrosion des Eisens und seiner Legierugen.
Verlag von S. Hirzel, Leipzig 1936.

B. II = Bauer, O., Kröhnke, O. und Masing, G. Die Korrosion metallischer Werkstoffe. Band II. Die Korrosion von Nichteisenmetallen und deren Legierungen.
Verlag von S. Hirzel, Leipzig 1938.

B. III = Bauer, O., Kröhnke, O. und Masing, G. Die Korrosion metallischer Werkstoffe. Band III. Der Korrosionsschutz metallischer Werkstoffe und ihrer Legierungen. Herausgegeben von Kröhnke, O. und Masing, G.
Verlag von S. Hirzel, Leipzig 1940.

E. = Evans, U. R., Korrosion, Passivität und Oberflächenschutz von Metallen. Ins Deutsche übertragen und mit einigen Ergänzungen versehen von Pietsch, E.
Verlag von Julius Springer, Berlin 1939.

K. = Korrosion und Metallschutz (erscheint monatlich).
Verlag Chemie, Berlin W 35.

R. = Der Chemie-Ingenieur, Band III, zweiter Teil, Werkstoffe für den Bau chemischer Apparaturen. 1. Metallische Werkstoffe von E. Rabald.
Akademische Verlagsgesellschaft m. b. H., Leipzig 1938.

R. I. = Werkstoffe und Korrosion. Band I, Metallische Werkstoffe. Von E. Rabald.
Verlag von Otto Spamer, Leipzig 1931.

W. = Vom Wasser (Jahrbuch für Wasserchemie und Wasserreinigungstechnik).
Verlag Chemie, Berlin W 35.

I. Teil.
Die Messung der Metallkorrosion

A. Die Korrosionsmessung als Forschungsproblem

1. Die Vielgestaltigkeit der Korrosionsmessung

Die Korrosion ist eine von der Oberfläche ausgehende unerwünschte Zerstörung von Metallen. Eine Messung dieses Vorganges kann auf die verschiedenste Weise erfolgen. Die einfachste und sinnfälligste Korrosionsprüfung besteht darin, daß man mit dem Auge die Veränderung des Metalles beobachtet. Jedem Laien ist eine solche Beobachtung des Verrostens von Eisen geläufig. Diese rein qualitative Bestimmung der Korrosion läßt sich nun zunächst dadurch ergänzen, daß man nach Entfernung der Korrosionsprodukte den Metallverlust durch Wägung bestimmt. Anstatt der Gewichtsabnahme kann bei festhaftenden Korrosionsprodukten auch die Gewichtszunahme als Korrosionsmaß dienen.

Da bei der Korrosion die mechanischen Eigenschaften der Metalle sich verschlechtern, gibt es eine Reihe von sogenannten mechanischen Korrosionsprüfverfahren. Hierher gehört die Messung der Zugfestigkeit, Dehnung, Elastizität, Härte usw. Diese Verfahren bilden bekanntlich eine wesentliche Grundlage der Materialprüfung. Auch moderne physikalische Hilfsmittel, wie die Messung der Röntgenstrahlen, der Eigenfrequenz und der optischen Eigenschaften sind hier zu nennen.

Es gibt weiterhin zahlreiche meist chemische Kurzprüfungen, welche auf einer sofort eintretenden Reaktion der korrodierenden Metalloberfläche mit stark chemisch angreifenden Stoffen beruhen. So kann man die Metalloberfläche mit Indikatoren prüfen, welche durch verschiedene Färbungen den der Korrosion meist zugrunde liegenden Lokalelementvorgang direkt sichtbar machen. Beispielsweise färben sich beim Aufbringen eines Gemisches von

Phenolphtalein und Ferrocyankalium auf eine Eisenoberfläche die anodischen Stellen blau und die kathodischen rot. Bringt man Salze edlerer Metalle, wie z. B. Kupfersulfat, auf korrodierendes[1]) Eisen, so zeigt das sich ausscheidende metallische Kupfer die Korrosion an. Zu den Kurzprüfungen gehören ferner elektrochemische und elektrische Meßmethoden, wie die Potentialmessung, die Messung der Stromstärke oder auch die Messung der elektrischen Widerstandsabnahme von korrodierenden Metalldrähten.

Diese Aufzählung von Korrosionsprüfmethoden läßt erkennen, daß bei einer kurzen Darstellung der Korrosionsmeßmöglichkeiten eine genaue Beschreibung der einzelnen Meßmethoden sich schon deswegen erübrigt, weil diese Methoden von anderen Wissenszweigen her (Chemie, Physik, Elektrotechnik usw.) geläufig sind. Es wird vielmehr in den meisten Fällen darauf ankommen, auf diejenigen Punkte einzugehen, welche mit dem Korrosionsvorgang selbst zusammenhängen.

Das Problem der Korrosionsmessung besteht einmal darin, von den genannten zahlreichen Meßmöglichkeiten das für den jeweiligen Fall zweckmäßigste Verfahren zu erkennen. Weiterhin kommt es dann auf die richtige Ausführung und Auswertung des Korrosionsversuchs an. Wenn hier anstatt des Wortes Korrosionsmessung das Wort Korrosionsversuch benutzt wird, so soll hiermit zum Ausdruck gebracht werden, daß eine Korrosionsmessung in den meisten Fällen nichts anderes ist als ein wissenschaftlicher oder technischer Versuch, der eine bisher offene Frage beantworten soll.

Wenn man sonst die Messung eines physikalischen oder chemischen Vorganges beschreibt, so handelt es sich fast immer in erster Linie um die Darstellung der Möglichkeiten, eine genau definierte

[1]) Das Wort „korrodieren" wird hier sowohl in der transitiven als auch in der intransitiven Form gebraucht. Danach gibt es also „korrodierende Metalle", wobei das Metall als solches korrodiert, als auch „korrodierende Lösungen", wobei eine Lösung das Metall korrodiert. Ein solcher Sprachgebrauch ist zwar, worauf mich Herr Professor Thiel aufmerksam machte, grammatisch unrichtig. Trotzdem wird diese an sich nicht korrekte Schreibweise hier benutzt, weil sie sich im Schrifttum eingebürgert hat.

Größe zu messen. Bei der Korrosion ist es jedoch ganz anders, weil es hier darauf ankommt, einen Einblick in einen verwickelten Vorgang zu erhalten, der primär in einer chemischen bzw. elektrochemischen Umwandlung des korrodierenden Metalls besteht. Da durch diesen primären Vorgang oft mechanische und physikalische Eigenschaften (Härte, Festigkeit usw.) entscheidend beeinflußt werden, kann in solchen Fällen eine Korrosionsmessung nur Erfolg haben, wenn man die betreffenden Korrosionsvorgänge genau kennt. So muß man z. B. wissen, ob eine mechanische oder chemische Untersuchungsmethode benutzt werden muß, oder auch, ob und was für eine Kurzprüfung geeignet sein kann usw. Eine solche Kenntnis ist für die Durchführung der Korrosionsmessung und eine richtige Beurteilung der Ergebnisse unentbehrlich. Es wird daher im Folgenden zunächst ein kurzer Überblick über die Grundbegriffe der Korrosion und die theoretischen Vorstellungen gegeben.

2. Grundbegriffe der Korrosion und theoretische Vorstellungen

a) Die Ursache der Korrosion

Trotz der Vielseitigkeit der Korrosionserscheinungen ist die Ursache der Korrosion in allen Fällen dieselbe. Das korrodierende Metall ist bestrebt, sich in eine chemische Verbindung zurückzuverwandeln. Wir wissen, daß die zur Korrosion neigenden Metalle, wie z. B. Eisen und Aluminium, in der Natur in Form von Verbindungen vorkommen und erst durch den Eingriff des Menschen in den metallischen Zustand übergeführt werden. Je größer der bei dieser Umwandlung der Metallverbindung gegenüber angewandte Zwang ist, um so heftiger sucht das Metall wieder in seinen ursprünglichen und natürlichen Zustand zurückzukehren. Diese Rückkehr bezeichnen wir mit Korrosion (Tödt 1).

b) Die Reaktion der Metalle mit dem Luftsauerstoff

Die Rückkehr der Metalle in ihren natürlichen Zustand vollzieht sich, wenn man von der Korrosion durch heiße trockene Gase und durch nichtwässrige Flüssigkeiten absieht, in zwei

Schritten. Der erste Schritt besteht in der Verbindung des Metalls mit dem Sauerstoff der Luft, also in der Bildung von Metalloxyden. Diese Reaktion ist eine so allgemeine, daß alle Metalle sich an der Luft mit einer Oxydhaut bedecken. Wenn das Metall als Pulver von großer Oberfläche vorliegt, so nimmt die Oxydation größere Beträge an. Es kann sogar der Fall eintreten, daß, wie bei dem sehr feinpulvrigen sogenannten pyrophoren Eisen, das gesamte Metall in wenigen Augenblicken sich unter starker Wärmeentwicklung in Oxyd verwandelt (E. S. 1). Bei einem kompakten Metall bleibt jedoch die Oxydation auf die Bildung einer dünnen Oxydhaut beschränkt. Die Häute bestehen vielfach nur aus wenigen Atomschichten (E. S. 79).

Eine derartige Metalloxydation beeinflußt das metallische Aussehen im allgemeinen nicht und ist daher zunächst nicht als Korrosion anzusprechen, sondern kann im Gegenteil, wie es beim Chrom und Aluminium in hohem Maße der Fall ist, korrosionsschützend wirken. Eine solche scheinbare Metallveredlung ist so häufig, daß man bekanntlich auf Grund der Spannungsreihe der Metalle (Seite 13) keine allgemein gültigen Voraussagen über das Korrosionsverhalten machen kann. In wie hohem Maße ein edleres Metall unter Umständen stärker korrodieren kann als ein unedleres, zeigt die Tatsache, daß z. B. Silber sich in Salpetersäure auflöst, während Aluminium von dieser Säure bei bestimmten Konzentrationen praktisch kaum angegriffen wird (Abb. 43, R. S. 258). Der Grund für dieses zunächst paradox scheinende Verhalten ist die Bildung einer schützenden Oxydhaut beim Aluminium.

Die Metalloxyde bilden sich um so leichter und sind um so stabiler, je unedler ein Metall ist. Damit ein Oxyd schützend wirken kann, muß es aber nicht nur stabil sein, sondern auch fest und lückenlos an der Oberfläche haften, eine Eigenschaft, welche die Unlöslichkeit des Oxyds in der korrodierenden Lösung zur Voraussetzung hat. Die Metalle neigen um so mehr zum natürlichen Korrosionsschutz, den man in der Wissenschaft mit Passivität bezeichnet, je günstiger die beiden genannten Eigenschaften, nämlich die Unlöslichkeit und Stabilität der Oxyde, zusammentreffen (Tödt 2, S. 127). Am stärksten ist dies bei den Metallen Chrom und Aluminium der Fall.

c) Die Korrosion als elektrochemischer Vorgang (Lokalelementbildung).

Der zweite Schritt, den die Metalle tun, um den ihnen auferlegten Zwangszustand abzuschütteln, bildet den Grundvorgang der meisten Korrosionserscheinungen. Dieser Vorgang besteht darin, daß die Metalle in Gegenwart von Wasser galvanische Elemente, sogenannte Lokalelemente, bilden. Hierbei ist der Anodenvorgang die Auflösung des Metalles und der Kathodenvorgang die Abscheidung von Bestandteilen des Wassers, nämlich der Wasserstoffionen. Diese Zerlegung der Korrosion in zwei elektrochemische Vorgänge steht in keinem Widerspruch zur rein chemischen Metallauflösung in Säure. Denn jede derartige Metallauflösung verläuft unter Wasserstoffentwicklung. Damit hat man aber bereits den Grundtyp eines Lokalelementes. Die anodischen Stellen sind die Metalle selbst. Als kathodische Stellen können, so weit es sich nicht um Beimengungen edlerer Metalle oder von Kohlenstoff handelt, die immer auf der Metalloberfläche vorhandenen Oxydhäute angesehen werden. Die Lokalelementtheorie in dieser Form vermag überraschend einfach und einheitlich einen großen Tatsachenkomplex zu erklären, und, was für die Praxis wichtig ist, in vielen Fällen Voraussagen über den Korrosionsverlauf zu machen (Tödt 2, S. 128).

Die meisten praktischen Korrosionsfälle unterscheiden sich von diesem einfachen Lokalelementvorgang dadurch, daß der Wasserstoff nicht entweicht, sondern durch ein Oxydationsmittel, meist Luftsauerstoff, oxydiert wird. Man bezeichnet diesen Vorgang mit Depolarisation. Ohne Vorhandensein des oxydierenden oder depolarisierenden Sauerstoffes würde die Korrosion in diesen Fällen in sehr kurzer Zeit aufhören, da sich der Wasserstoff nicht gasförmig entwickeln kann. Das gilt z. B. beim Eisen für jeden Angriff, der nicht in einem stark sauren Medium, welches die Wasserstoffentwicklung gestattet, stattfindet. Der geschwindigkeitsbestimmende Faktor ist in diesem Fall die an die Oberfläche gelangende Sauerstoffmenge. Da der Sauerstoff aber gleichzeitig auch die Eigenschaft hat, die Metalloberfläche mit einer schützenden Oxydhaut zu bedecken, kann in diesem Fall dieselbe Substanz, nämlich der Sauerstoff, sowohl korrosionsfördernd als auch korrosionsverhindernd wirken. In der folgenden Abb. 1 ist eine solche Lokalelementkorrosion mit Sauerstoffdepolarisation dargestellt.

Die Abb. 1 zeigt die Korrosion des Eisens durch einen Tropfen salzhaltigen Wassers. Die am Außenrand des Tropfens gelegene Zone ist, wie man sieht, durch den guten Sauerstoffzutritt in eine Oxydhaut verwandelt, die gegen Angriff geschützt ist und als Lokalelementkathode wirkt. In der Mitte des Tropfens, wo der

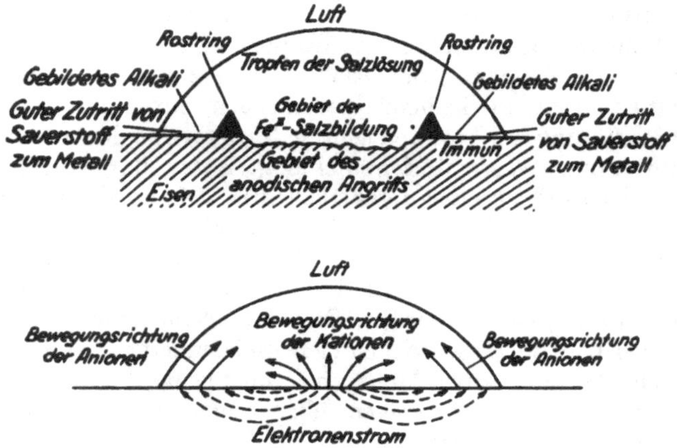

Abb. 1. Verhalten eines auf Eisen aufgebrachten Tropfens einer Kalium- oder Natriumchloridlösung (E. S. 171)

Sauerstoff am wenigsten Zutritt hat, löst sich das Eisen anodisch auf. Zwischen Anoden- und Kathodenraum hat sich ein Rostring gebildet, weil hier das anodisch gebildete Eisensalz durch das kathodisch gebildete Alkali als braunes Eisenoxyd bez. Hydroxyd ausgefällt wird.

d) Deckschichtenbildung

Die vorhergehenden Abschnitte b und c enthalten insofern einen scheinbaren und schon angedeuteten Widerspruch, als die Oxydhäute einerseits durch Abdecken der Metalloberfläche als Korrosionsschutz und andererseits als Kathoden der Lokalelemente korrosionsfördernd wirken, ja sogar die Korrosion überhaupt erst ermöglichen. Dieser Widerspruch verschwindet, wenn man die Tatsache berücksichtigt, daß nur eine lückenlos dichte Oxydhaut sich als Korrosionsschutz verhält. Maßgebend für diesen Schutz ist der frei liegende und nicht mit einer Oxydhaut bedeckte Bruchteil der Metalloberfläche, da ein Metall dann passiv und gegen Korrosion geschützt ist, wenn nur noch $^1/_{1000}$ bis $^1/_{100000}$ der Oberfläche frei liegt (Müller, W. J. 1, S. 43). Wird die freiliegende Metallfläche größer, so wird das Metall aktiv und korrodiert. Außer den Oxydhäuten kann natürlich auch jede andere Schutzschicht, wenn sie nur fest haftet und dicht genug ist, die Korrosion verhindern. Beispiele für solchen Korrosionsschutz sind die Anstriche sowie die kalkhaltigen Schutzschichten, welche sich im Leitungswasser bilden und die Verwendung von Eisen als Material für Wasserleitungen überhaupt erst ermöglichen.

c) Rein chemische Korrosion

Eine rein chemische Korrosion findet z. B. in der Hitze durch trockene Gase statt. Sobald aber Feuchtigkeit hinzutritt, sind die Bedingungen für den elektrochemischen Vorgang, bzw. die Lokalelementbildung gegeben. Außer dem Sauerstoff sind als korrodierende Gase hauptsächlich Wasserstoff, Chlor, Schwefeldioxyd und Stickstoff zu nennen. Diese Korrosionsvorgänge spielen bei der Metallverarbeitung eine sehr große Rolle, da die Metalle im praktischen Betriebe dem korrodierenden Gase starke Angriffsmöglichkeiten bieten (z. B. Verzunderung durch den Sauerstoff).

Der Angriff von Metallen durch nichtwässrige organische Stoffe ist auch eine rein chemische Korrosion, soweit nicht, wie es oft der Fall ist, Spuren von Wasser, die oft nur schwer feststellbar sind, für die Korrosion verantwortlich gemacht werden müssen. Hierher gehört auch die Auflösung von Metallen in konzentrierten Säuren, wie Schwefelsäure und Essigsäure. Wenn die Säuren nicht ganz konzentriert, sondern wasserhaltig sind (Auflösung von Kupfer in verdünnter oder mittelstarker Salpetersäure), spricht man ebenfalls von einem chemischen Vorgang. Man kann allerdings das Inlösunggehen von Metallen in Säuren nach Seite 5 auch elektrochemisch auffassen, da gleichzeitig eine Wasserstoffentwicklung stattfindet.

3. Erscheinungsformen der Korrosion

a) Gleichmäßige Korrosion

Für die praktische Beurteilung ist es von entscheidender Bedeutung, ob die Korrosion sich gleichmäßig über die korrodierende Oberfläche verteilt und flächenhaft verläuft oder auf begrenzte Bezirke beschränkt ist. Das gewöhnliche Rosten des Eisens verläuft im großen und ganzen gleichmäßig. Hierher gehört auch die Verzunderung des Eisens sowie der flächige Angriff auf Zink. Die gleichmäßige Korrosion ist die harmlosere Art des Angriffs auf Metalle und kann dadurch gemessen werden, daß man den Metallverlust bestimmt. Man kann zu diesem Zweck entweder — und das ist das am meisten benutzte Verfahren — durch Wägung des Metalls vor und nach dem Versuch die Korrosion ermitteln oder auch feststellen, wieviel Metallsalz in die korrodierende Flüssigkeit übergegangen ist. Wenn das Korrosionsprodukt fest am Metall haften bleibt, ohne daß sich eine Schutzschicht bildet, kann die Gewichtszunahme als Korrosionsmaß dienen.

Unter gleichmäßiger Korrosion ist keinesfalls ein Vorgang zu verstehen, der nun so gleichmäßig auf die Oberfläche verteilt ist, daß an jeder Stelle die Reaktionsgeschwindigkeit völlig gleich ist. Schon deswegen, weil eine scheinbar glatte Fläche niemals im geometrischen Sinne einheitlich ist, sondern starke Unebenheiten im Feinbau aufweist, werden manche Stellen immer bevorzugt korrodieren. Gleichmäßig ist die Korrosion dann, wenn die zunächst vereinzelt korrodierenden Stellen sich allmählich über die Gesamtoberfläche so verteilen, daß die nach längerer Einwirkung erfolgende Dickenabnahme überall annähernd gleiche Werte besitzt.

b) Ungleichmäßige Korrosion

Lochfraß.

Die ungleichmäßige Korrosion ist um so gefährlicher, je mehr der Angriff auf eng begrenzte Bezirke beschränkt ist, wie es bei dem gefürchteten Lochfraß der Fall ist. Der Angriff schreitet hier in Form von Löchern schnell ins Innere der Metalle fort. Eine mengenmäßig geringe Korrosion kann daher nach Abb. 2a—c bereits zu tiefgreifenden Zerstörungen und insbesondere zu einer sehr starken Herabsetzung der Festigkeit Anlaß geben. Infolgedessen ist der Gewichtsverlust zur Korrosionsprüfung nicht brauchbar, sondern man bestimmt die Festigkeitsabnahme oder die Verschlechterung einer anderen mechanischen Eigenschaft.

Ein Lochfraß wird immer dann eintreten, wenn ein nicht ganz ausreichender Korrosionsschutz vorhanden ist und wenn dieser

a

b

c

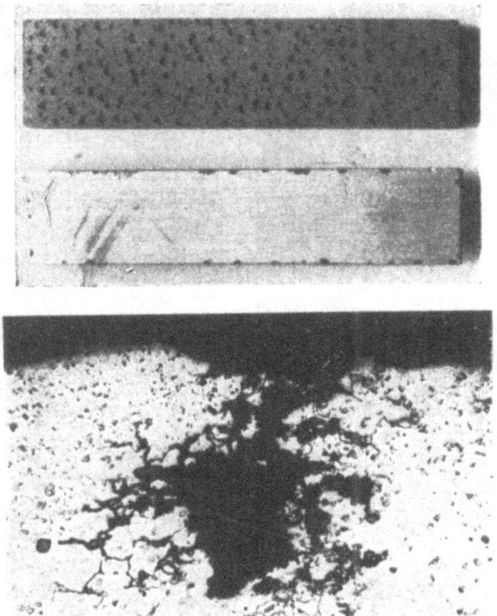

Abb. 2a und 2b. Lochfraß in Stahl mit 14% Chrom durch Eisenchlorid. a = Ansicht, b = Querschnitt. Natürliche Größe (Fry 1, S. 496)
Abb. 2c. Lochfraß in Leichtmetallautomatenlegierung mit 0,5% Blei in 3%iger Kochsalzlösung. Vergrößerung hundertfach (Fry 1, S. 496)

Schutz, wie z. B. bei der Walzhaut von Eisen, in einer Veredlung besteht. Denn dann ist die gesamte veredelte Fläche gegenüber den nicht veredelten Stellen kathodisch und kann die korrodierende Wirkung auf die geringen anodischen Bezirke in Form von Lochfraß konzentrieren.

Interkristalline Korrosion.

Diese Korrosionsart ist eng verwandt mit dem Lochfraß und dadurch bedingt, daß die Kristall- bzw. Korngrenzen bevorzugt angegriffen werden. Auch hier ist eine Verschlechterung der mechanischen Eigenschaften, wie der Festigkeit, kennzeichnend für den Korrosionsverlauf. Wie die Abb. 3 zeigt, wird durch die interkristalline Korrosion gewissermaßen das Metallgefüge bloßgelegt.

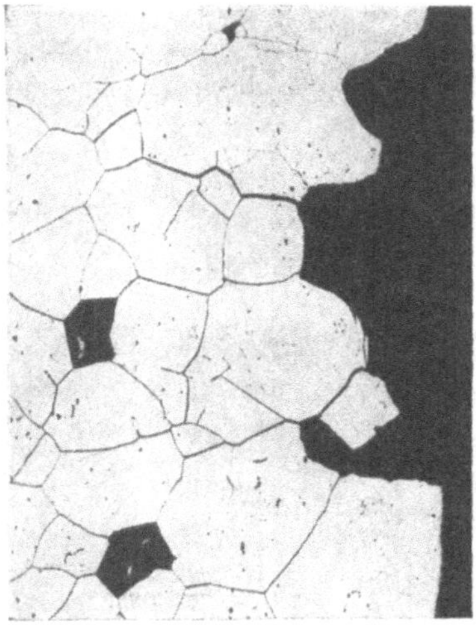

Abb. 3. Interkristalline Korrosion von nichtrostendem Stahl (Fry 1, S. 510)

Daher ist auch die Ätzung von Metallschliffen, welche zur Bestimmung des Metallgefüges vorgenommen wird, vergleichbar mit einer künstlich verursachten beschleunigten interkristallinen Korrosion. Die interkristalline Korrosion kann dadurch bedingt sein, daß gewisse Bestandteile im Gefüge chemische Verschiedenheiten aufweisen. Dieses ist z. B. bei Eisen der Fall, wenn Einschlüsse von Karbiden, Phosphiden usw. ungleichmäßig verteilt sind. Es ist aber auch in vielen Fällen so, daß die Korngrenzen aus rein räumlichen oder physikalischen Gründen ein etwas anderes Verhalten zeigen als die Kernsubstanz. In diesem Fall wird die interkristalline Korrosion dann eintreten, wenn das Korrosionsmittel nur so schwach angreift, daß die Korngrenzen gerade eben angegriffen werden und die übrige Metallfläche noch nicht. Bei einem solchen Korrosionsangriff an bevorzugten Stellen, wie Korngrenzen oder Lockerstellen im Kristallgitter (z. B. bedingt durch thermische oder mechanische Einwirkung) liegt es nahe, die moderne Forschung der Oberflächenerscheinungen besonders einzusetzen (Feinbau im Kristallgitter, energetisch stärker angeregte Atome usw.). Es ist zu hoffen, daß in Zukunft auch auf diesem Gebiet der wissenschaftliche Fortschritt in immer höherem Maße zu praktisch wertvollen Ergebnissen führen wird.

4. Erkennung des maßgebenden Umstandes als Voraussetzung für das Gelingen der Korrosionsmessung

Auf Seite 2 u. 3 wurde bereits erwähnt, daß eine Korrosionsmessung nur dann gelingt, wenn man sich zunächst einen Einblick in die Ursachen und den Verlauf des Korrosionsvorganges verschafft. Denn es kommt darauf an, für jeden Einzelfall die maßgebenden und die bedeutungslosen Einflüsse voneinander zu trennen. Andernfalls sind die Versuche entweder nutzlos oder sogar schädlich, da sie leicht zu falschen Schlüssen führen können.

a) Die Sauerstoffkorrosion als maßgebender Faktor.

Als Korrosionsursachen herrschen die Umweltbedingungen, also die Eigenschaften des korrodierenden Mediums vor.

Wenn man von den stark korrodierenden Bedingungen der chemischen Technik und verwandten Industrien und den Materialbeanspruchungen durch hohe Temperaturen und mechanische Einflüsse absieht, so steht die Sauerstoffkorrosion im Hinblick auf die praktische Bedeutung an erster Stelle (S. 5).

Der im Wasser gelöste Sauerstoff oxydiert den durch den Korrosionsvorgang kathodisch abgeschiedenen Wasserstoff, er depolarisiert (Seite 5) den Wasserstoff, der sonst sich nicht entwickeln kann, so daß der Korrosionsvorgang ohne den Sauerstoff zum Stillstand kommen würde. Maßgebend für die Stärke des Angriff ist in erster Linie die an die korrodierende Oberfläche gelangende Sauerstoffmenge.

In diesem Fall der Sauerstoffkorrosion ist also die Materialeigenschaft des korrodierenden Metalls meist ohne Bedeutung. Es ist damit natürlich nicht gesagt, daß die Materialbeschaffenheit in solchen Fällen immer völlig gleichgültig ist (z. B. Überlegenheit des gekupferten Stahls an der Atmosphäre, Seite 30 u. 89).

Auch wenn ein Anstrichschutz für Eisen an der Atmosphäre angewandt wird, ist bekanntlich eine Vorbehandlung, wie Beseitigung der Zunderschichten, nötig. Vorherrschend ist als Korrosionsursache jedenfalls die gleichzeitige Wirkung von Wasser oder Feuchtigkeit und Sauerstoff.

Eisen in Berührung mit salzhaltigen nicht gerade stark sauren oder stark alkalischen Lösungen ohne passivierende Eigenschaften ist ein ausgeprägtes Beispiel für die Sauerstoffkorrosion. Nähere Angaben über die Sauerstoffkorrosion verschiedener Eisenarten in Berührung mit Wasser sind im Abschnitt I, B, 1, b über die Bedeutung des Laboratoriumsversuchs gemacht. Es geht daraus hervor, daß es in diesem Falle aussichtslos ist, das Eisen durch Beimengungen oder Oberflächenveränderung grundlegend in seinem Korrosionsverhalten beeinflussen zu wollen. Erst wenn man die Legierungsbestandteile soweit vermehrt, daß man beispielsweise einen nichtrostenden Chromnickelstahl erhält (18% Cr 8% Ni Seite 95), wird die Materialeigenschaft bestimmend für das Korrosionsverhalten.

b) Die Säurekorrosion (Wassertoffkorrosion) als maßgebender Faktor

Als Korrosionsursache herrscht die Materialeigenschaft vor.

Die Grenzbedingungen für die Säurekorrosion (Korrosion unter Wasserstoffentwicklung) lassen sich zwar nicht genau angeben. Jedoch liefert die in der Tabelle 1 wiedergegebene sogenannte Spannungsreihe der Metalle einen ersten Anhaltspunkt.

Alle Metalle, die unedler sind als Wasserstoff, also nach Tabelle 1 Blei, Zinn usw. in steigendem Maße bis zu den Alkalimetallen, haben das Bestreben, sich in Säuren unter Wasserstoffentwicklung aufzulösen. Als ganz rohe Annäherungsregel kann man annehmen, daß saure Lösungen ohne Sauerstoff oder sonstige oxydierende Wirkung Kupfer und edlere Metalle nicht angreifen, da diese Metalle nach Tabelle 1 edler als Wasserstoff sind. In neutralen Lösungen ohne Sauerstoff werden Eisen, Cadmium und edlere Metalle praktisch nicht mehr angegriffen (Schikorr 1). Von den Faktoren, welche eine Abweichung des Korrosionsverhaltens

Tabelle 1 (B. I. S. 14).

Potentiale der Metalle gegen Wasserstoff bei verschiedenen Konzentrationen ihrer Ionen im Elektrolyten in Volt

Metall	Ion	Ionenkonzentration				
		n/1	n/10	n/100	n/1000	n/10000
Gold	$Au^{\cdot\cdot\cdot}$	+0,99 (?)	—	—	—	—
Platin	$Pt^{\cdot\cdot\cdot\cdot}$	+0,86 (?)	—	—	—	—
Silber	$Ag^{\cdot}$	+0,7987	+0,741	+0,683	+0,625	+0,567
Quecksilber	$Hg_2^{\cdot\cdot}$	+0,7928	+0,764	+0,735	+0.706	+0,677
Kupfer	$Cu^{\cdot\cdot}$	+0,3469	+0,318	+0,286	+0,260	+,231
Kupfer	$Cu^{\cdot}$	+0,52	—	—	—	—
(Wasserstoff)	$H^{\cdot}$	+0,000	—0,058	—0,116	—0,174	—0,232
Blei	$Pb^{\cdot\cdot}$	—0,132	—0,161	—0,190	—0,219	—0,248
Zinn	$Sn^{\cdot\cdot}$	—0,146	—0,175	—0,204	—0,233	—0,252
Nickel	$Ni^{\cdot\cdot}$	—0,20	—0,23	—0,26	—0,29	—0,32
Cobalt	$Co^{\cdot\cdot}$	—0,23	—0,26	—0,29	—0,32	—0,35
Cadmium	$Cd^{\cdot\cdot}$	—0,420	—0,449	—0,478	—0,507	—0,536
Eisen	$Fe^{\cdot\cdot}$	—0,44	—0,47	—0,50	—0,53	—0,56
Zink	$Zn^{\cdot\cdot}$	—0,770	—0,799	—0,828	—0,857	—0,886
Aluminium	$Al^{\cdot\cdot\cdot}$	—1,337	—1,356	—1,375	—1,394	—1,413
Magnesium (Näherungswerte)	$Mg^{\cdot\cdot}$	—1,8	—1,8	—1,9	—1,9	—1,9
Natrium	$Na^{\cdot}$	—2,7	—2,8	—2,8	—2,9	—2,9
Kalium	$K^{\cdot}$	—2,9	—3,0	—3,0	—3,1	—3,2

der Metalle von der Spannungreihe bedingen, sei zunächst die sogenannte Wasserstoffüberspannung der Metalle (Tabelle 2) kurz erwähnt.

Die Überspannung ist diejenige Spannung in Volt, die zusätzlich aufgewandt werden muß, um Wasserstoff an dem betreffenden Metall zu entwickeln. Blei und Quecksilber haben besonders hohe Werte, weichen also am stärksten von der Tabelle 1 in dem Sinne ab, daß sie der Entwicklung gasförmigen Wasserstoffs einen besonderen Widerstand entgegensetzen, sie verhalten sich also edler als der Tabelle 1 entspricht. Nur die hohe Überspannung von Blei schützt dieses Metall vor Auflösung in der Akkumulatorensäure. Ohne die hohe Überspannung des Bleis wäre also der Bleiakkumulator nicht möglich.

Die Wasserstoffüberspannung ist der Gegenstand sehr vieler wissenschaftlicher Arbeiten gewesen. Zu den Pionierarbeiten auf

Tabelle 2 (E. S. 275)

Stromdichte	Strom hinreichend zur Blasenentwicklung		1 Amp./dm^2		10 Amp./dm^2	
Autor	Caspari	Thiel	Tafel	Knobel	Tafel	Knobel
Quecksilber	0,78	0,57	1,17	1,04	1,30	1,07
Zink	0,70	0,48	—	0,75	—	1,06
Blei	0,64	0,40	1,09	1,09	1,23	1,18
Cadmium	0,48	0,39	1,11	1,13	1,22	1,22
Zinn	0,53	0,40	0,98	1,08	1,15	1,22
Wismut	—	0,39	0,88	1,05	1,00	1,14
Aluminium	—	0,30	—	0,83	—	1,00
Graphit[1])	—	0,33	—	0,78	—	0,98
Kohlenstoff	—	0,14	—	0,70	—	0,89
Kupfer	0,23	0,19	0,58	0,58	0,79	0,85
Nickel	0,21	0,14	0,56	0,75	0,74	1,05
Silber	0,15	0,10	—	0,76	0,93	0,88
Eisen	—	0,17[2])	—	0,56	—	0,82
Palladium	—	0,00	—	0,30	—	0,70
Gold	0,02	0,02	0,74	0,39	0,95	0,59
Platin (blank)	—	0,08	—	0,07	0,5	0,29
Platin (platiniert)	0,005	0,00	0,04	0,03	0,07	0,04

diesem Gebiet gehören diejenigen von Thiel und Mitarbeitern (Thiel 1). Für die Überspannung, welche eine Hemmung der kathodischen Wasserstoffentwicklung ist, hat man die verschiedensten Deutungen herangezogen. Entscheidend ist hierbei die Frage, welcher Teilvorgang bei der Entladung gehemmt wird (Entladung der Wasserstoffionen, Entweichen gasförmigen Wasserstoffs, Zusammentreten der entladenen Wasserstoffatome zu Molekülen). Eine Reihe namhafter Forscher, wie Tafel, Palmaer, Volmer, Gurney u. a., haben sich um die Aufklärung dieser Erscheinungen verdient gemacht. Eine klare und im Hinblick auf die Korrosion aufschlußreiche Erörterung der Wasserstoffüberspannung gibt Masing (Masing 1, S. 32—36). Wichtig ist die starke Abhängigkeit der Überspannung von der Stromstärke, so daß, wie die Tabelle 2

[1]) W. Palmaer (The Corrosion of Metals, Bd. 1, Stockholm 1929, S. 134) sieht den Überspannungswert an Graphit als negativ an.

[2]) In 0,1 molarer Schwefelsäure, die mit Eisen (II)-sulfat gesättigt ist.

erkennen läßt, die Reihenfolge der Metalle sich mit einer Änderung der Stromstärke stark verschieben kann.

Für das wirkliche Korrosionsverhalten, bzw. für das Lösungsvermögen der Metalle in Säuren, sind die beiden Tabellen 1 und 2 bei weitem nicht ausreichend. So ist die Wasserstoffkorrosion vielfach dadurch ausgezeichnet, das geringe Beimengungen an edleren Metallen den Angriff sehr stark steigern. Eins der bekanntesten und am eingehendsten bearbeiteten Beispiele hierfür ist die Korrosion von Zink. Ganz reines Zink besitzt nach Feststellungen von Thiel und Eckell eine überraschende Korrosionsfestigkeit (Thiel 2). Bereits Spuren von Verunreinigungen edlerer Metalle genügen jedoch, um die Auflösungsgeschwindigkeit des Zinks in Säuren außerordentlich stark zu steigern. Dieser Effekt gehört zu den am eingehendsten untersuchten Korrosionserscheinungne und bildet eine der Hauptgrundlagen für die Lokalelementtheorie der Metallkorrosion (Palmaer 1, Thiel 1—3, Centnerscwer, Straumanis 1 und 2). Weitere Ausnahmen des Verhaltens der Metalle gegenüber der Spannungsreihe werden durch die Bildung schützender Deckschichten verursacht.

Es ist bemerkenswert, daß selbst ein so unedles Metall wie Magnesium in Flußsäure einen starken Korrosionsschutz durch unlösliches MgF_2 bildet. Die schützende und veredelnde Wirkung von derartigen Überzügen aus unlöslichen Salzen zeigt die Tabelle 3.

Tabelle 3 (E. S. 385).

Beispiele für die Verwendung reiner Metalle (Nach W. Guertler)

Reagens	Empfohlenes Metall	Ursache des Widerstandes
Chlor oder Salzsäure	Silber	kaum lösliches AgCl
Flußsäure	Magnesium	kaum lösliches MgF_2
Salpetersäure	Aluminium	langsam lösliches Al_2O_3
Schwefelsäure...............	Blei	kaum lösliches $PbSO_4$
Schwefelsäure mit überschüssigem Schwefeltrioxyd	Eisen	Oxyd oder Sulfat

Bei der Einwirkung von Säuren auf Eisen und Aluminium spielen Verunreinigungen ebenso wie beim Zink eine große Rolle. Aluminium mit einer Reinheit von 99,9 löst sich etwa 30mal langsamer in konzentrierter Salzsäure auf als Aluminium von 99% (Ritter, S. 146), Gußeisen in einfach normaler Salzsäure hat eine 10mal so große Auflösungsgeschwindigkeit wie Schmiedeeisen und eine 100mal so große wie reines Elektrolyteisen (E. S. 441). Offenbar ist hier das Lokalelement Eisen-Kohlenstoff in der Lage, eine starke Wasserstoffentwicklung zu ermöglichen. Dieser Effekt zeigt sich nach eigenen Feststellungen (Tödt 3) schon in sehr schwach sauren Lösungen, indem bei pH 4,6 die Korrosion von reinem Eisen nicht größer war als in neutraler Lösung, während bei Gußeisen mit 2,3% Kohlenstoff sich die Korrosion bei pH 4,6 bereits annähernd verzehnfacht hatte. Noch ausgeprägter wurden die Unterschiede zwischen reinem Eisen und Gußeisen bei pH 1,25.

Abgesehen von der Neigung des stark kohlenstoffhaltigen Eisens, in einem sauren Medium stärker zu korrodieren als Eisen mit geringem Kohlenstoffgehalt, ist bei der Eisenkorrosion in fast allen Fällen, wie bereits betont wurde, die Materialeigenschaft, also auch der Gehalt an metallischen Beimengungen für den Korrosionsverlauf unwesentlich. Im Gegensatz hierzu ist z. B. bei der Aluminiumkorrosion ganz allgemein die Reinheit des Metalls der maßgebende Faktor, so daß für die Metallurgie des Aluminiums das Bestreben kennzeichnend ist, möglichst reines Metall zu erhalten.

5. Der Einfluß der Zeit auf den Korrosionsverlauf

a) Die zeitliche Korrosionszunahme

Bei der auf Seite 15 behandelten Auflösung des Zinks in Säuren löst sich das Metall zunächst sehr langsam, bis dann in dem Maße, als sich die lokalelementbildenden Fremdmetalle an der Oberfläche anreichern, die Lösungsgeschwindigkeit ein Vielfaches des Anfangsbetrages erreicht. Man bezeichnet diesen Zeitverlauf als Induktionsperiode. Bei der Korrosion des Eisens in Warmwasser verursacht nach Haase das Kupfer in ähnlicher Weise ein allmählich sich steigerndes Zustandekommen starker Korrosionserscheinungen (Haase 1, 1940).

Das zeitliche Anwachsen der Korrosion kann noch einen gänzlich anderen Grund haben, nämlich die Zerstörung von zunächst schützenden Deckschichten, die sich entweder an der Luft durch den Sauerstoff gebildet haben oder die künstlich auf dem Metall erzeugt sind. Man kann auch das allmähliche Aufhören der schützenden Wirkung von Anstrichen unter diesen Gesichtspunkt betrachten.

b) Der Korrosionsrückgang durch Deckschichten

Die Korrosionsabnahme durch Oxydschichten kann je nach der Geschwindigkeit der Entstehung einer dichten Haut zwischen Bruchteilen von Sekunden und Jahrzehnten schwanken. Nach Versuchen von W. J. Müller lassen sich oszillographisch auf Grund seiner Zeitgesetze der Selbstpassivierung (Müller W. J. 1, S. 50) bei Blei in Akkumulatorsäure Schutzhautbildungen, die in einigen hundertstel Sekunden entstehen, feststellen. Nach amerikanischen Beobachtungen (Forrest) bildet sich die schützende Oxydhaut beim Chromnickelstahl (18% Cr, 8% Ni) in weniger als 2 Minuten und beim 14%igen Chromstahl etwa 6 Minuten. Eine ähnlich günstige Wirkung wie Chrom als Legierungsbestandteil von Eisen haben auch chromsäurehaltige oder chromathaltige Lösungen auf korrodierende Eisenflächen (E. S. 309).

Die Schutzschichtbildung auf Eisenoberflächen in Berührung mit Leitungswasser tritt je nach der Wasserzusammensetzung in Tagen oder Wochen ein (Tödt 4, S. 420). Wohl die längsten Zeiten der Schutzschichtbildung hat man auf Eisenoberflächen an der Luft beobachtet. Hier kann die Schutzschichtbildung 10—15 Jahre und länger dauern (Daeves). In ähnlicher Weise hat man auch an Aluminiumdächern eine in langen Zeiträumen sich ausbildende Schutzschicht beobachtet (Panseri).

c) Sonstiger Einfluß der Zeitdauer bei Korrosionsmessungen

Auch die normale Sauerstoffkorrosion des Eisens in Berührung mit nicht zu sauren wäßrigen Lösungen besitzt eine außerordentliche starke Zeitabhängigkeit. So beträgt nach eigenen Messungen (Tödt 4, S. 405—410) die Korrosion des Eisens in neutralen, schwach sauren und schwach alkalischen Lösungen in den ersten Augenblicken einige 100 g pro Tag und pro m² korrodierende Oberfläche. Die Werte sinken schnell ab und gehen innerhalb von 24

Stunden je nach den Versuchsbedingungen auf etwa $^1/_{30}$ bis $^1/_{50}$ zurück. Dieser zeitliche Verlauf ist genau umgekehrt wie bei der auf Seite 16 bei der Zinkkorrosion beschriebenen Induktionsperiode (beim Zink zunächst geringe, auf das vielfache sich steigernde Korrosion, beim Eisen zuerst sehr starke, auf einen geringen Bruchteil zurückgehende Korrosion). Die Ursache für den stark zeitlichen Rückgang bei der Eisenkorrosion ist die in den ersten Augenblicken an der korrodierenden Oberfläche reichlich vorhandene Sauerstoffmenge, welche die Korrosion bedingt, daher schnell verbraucht wird und dadurch die zeitliche Abnahme bewirkt (Tödt 4, S. 412).

Weitere Beziehungen zwischen Korrosion und Zeit sind im nächsten Abschnitt B 1 behandelt, soweit es sich hier um Korrosionsversuche handelt, bei welchen eine Verkürzung der Versuchsdauer angestrebt wird.

B. Art der Versuchsanstellung bei Korrosionsmessungen

1. Gegenüberstellung von Naturversuch und Laboratoriumsversuch sowie von Kurz- und Langzeitversuch

Wohl das schwierigste, aber gleichzeitig wichtigste Problem der Korrosionsmessung ist die Entscheidung der Frage, ob der Naturversuch oder der Laboratoriumsversuch ein besseres Urteil über die Korrosion liefert. Die Antwort muß zunächst so lauten, daß in bestimmten Fällen der Naturversuch und in anderen Fällen wiederum der Laboratoriumsversuch zweckmäßiger ist.

a) Fälle, in denen der Naturversuch oder der rein praktische Versuch nicht entbehrt werden kann.

Ein hierher gehörender Fall wurde auf Seite 17 behandelt, nämlich die allmähliche Ausbildung von Schutzschichten bei Eisen und Aluminium an der Luft. Hier kann die Entstehung der schützenden Deckschichten Jahre oder Jahrzehnte dauern. Es ist selbstverständlich, daß derartige Vorgänge niemals im Laboratorium untersucht werden können.

Ein weiteres Beispiel ist die Korrosion von Kondensatorrohren, welche am besten in der Praxis selbst gemessen wird, indem man Versuchsrohre einbaut oder einen besonderen Versuchskondensator anbringt (Engelhardt). Obwohl die Kondensatorkorrosion wegen ihrer großen wirtschaftlichen Bedeutung sehr stark bearbeitet wurde, sind hier nach wie vor ungelöste Fragen vorhanden. Eine Anlage, die oft jahrzehntelang einwandfrei gearbeitet hat, fällt ohne ersichtlichen Grund plötzlich der Korrosion anheim. In der Zuckerindustrie ergab ein Vergleich verschiedener Betriebsbedingungen als wahrscheinliche Ursache für die überraschende Korrosion von Kondensatorrohren den bei einer bestimmten Arbeitsweise auftretenden hohen Ammoniakgehalt (Tödt 5).

Ähnlich wie bei der Kondensatorkorrosion hat man es in der Praxis vielfach mit einer mechanischen Beanspruchung bei gleichzeitiger chemischer Einwirkung zu tun (Korrosionsermüdung, S. 59). In allen solchen Fällen, in denen eine Überlagerung von schwer übersehbaren Einflüssen stattfindet, müssen sich die Korrosionsversuche eng an die Praxis anlehnen. Trotzdem muß natürlich angestrebt werden, den im nächsten Abschnitt I, B, 1, b behandelten „maßgebenden Faktor" durch die Art der Versuchsanstellung zu ermitteln.

b) Fälle, in denen der Laboratoriumsversuch dem Naturversuch überlegen ist

Hier ist als Beispiel die in Abschnitt I, A, 4, a behandelte Sauerstoffkorrosion des Eisens besonders geeignet. Man hat sich z. B. jahrzehntelang vergeblich bemüht, die Korrosionserscheinungen von Guß-, Fluß- und Schmiedeeisen durch Naturversuche aufzuklären. Manchmal verhielt sich die eine Eisensorte besser und manchmal wieder die andere. Erst als man durch Laboratoriumsversuche gefunden hatte, daß der für die Korrosion maßgebende Umstand die in der Zeiteinheit an die Metalloberfläche gelangende Sauerstoffmenge ist, und daß es in den meisten Fällen belanglos ist, welche Eisensorte (Gußeisen, Schmiedeeisen, Flußeisen) man nimmt, war der Fall klargestellt (Tödt 2, S. 132). Die jahrzehntelangen vergeblichen Naturversuche waren zwar natürlich, aber nicht eindeutig, weil beim Einhängen in Wasser je nach der zufälligen Entfernung von der Luftoberfläche oder einer schwachen Wasserbewegung die Sauerstoffmenge an der Metalloberfläche und damit auch die Korrosion verschieden war. Unter solchen Umständen sind die aus einem Korrosionsversuch gezogenen Schlüsse nicht sicherer als eine Wettervorhersage. Demgegenüber brachten sinngemäß auf die Ermittlung des maßgebenden Faktors abgestellte Laboratoriumsversuche erst die richtige Lösung.

Dies mit Absicht ausführlich gebrachte Beispiel läßt gleichzeitig erkennen, daß vielfach der Fehler gemacht wird, bei einem unerklärlichen Korrosionsfall von vornherein dem Material die Schuld zu geben, obwohl sehr oft irgendwelche korrodierenden Umwelteinflüsse maßgebend sind. Man muß in diesem Fall durch systematische Versuche die möglichen Korrosionsgründe in besonderen Meßreihen von einander trennen, bis man den maßgebenden Faktor (der nach Tabelle 4, Seite 25 bei starkem Sauerstoffzutritt in der Materialeigenschaft liegt) und damit die Korrosionsursache gefunden hat. Ähnliche Überlegungen sind auch bei der Korrosion von Warmwasser- und Dampfheizungsanlagen angebracht, welche ähnlich wie die Kondensatorkorrosion als ein bisher nur unvollkommen gelöstes Problem angesehen werden muß.

Ein in verschiedenen Gegenden Amerikas angestellter Vergleich zwischen Freilagerversuchen und Laboratoriumsversuchen führte zu dem Ergebnis, daß bei gleichen Werkstoffen in Abhängigkeit von den unterschiedlichen klimatischen Einflüssen bei Naturversuchen erheblich größere Streuungen auftraten als bei sorgfältig ausgeführten Laboratoriumsversuchen (Schultz). Außerdem wurde bei Freilagerversuchen mit verzinkten Proben festgestellt, daß der Korrosionsangriff stark davon abhängt, bei welcher Witterung (Jahreszeit) die Messung begonnen wurde, da die Widerstandsfähigkeit der zuerst gebildeten Schicht durch die Witterungsbedingungen entscheidend beeinflußt wird (Fry 1, S. 501).

Die Entscheidung darüber, wann ein Naturversuch und wann ein „künstlicher" Laboratoriumsversuch am Platze ist, kann nur von Fall zu Fall getroffen werden. Voraussetzung für eine richtige Entscheidung ist eine genaue Kenntnis sämtlicher Einflüsse, welche die Korrosion beeinflussen. In seinem am Beginn des II. Bandes: „Die Korrosion von Nichteisenmetallen und deren Legierungen" verfaßten Abschnitt über Forschungs- und Prüfungsmethoden der Korrosion (B. II) gelangt Brenner zu der zusammenfassenden Schlußfolgerung, daß bei einer Reihe von Korrosionsprüfverfahren Übereinstimmung zwischen Laboratoriumsversuch und praktischem Versuch vorhanden ist und daß diese Übereinstimmung noch verbessert werden kann (Brenner 1, S. 52).

c) Kurzversuch und Langzeitversuch

Man kann zunächst aus dem auf Seite 16-18 behandelten zeitlichen Verlauf der Korrosion den Schluß ziehen, daß in einer großen Anzahl von Fällen eine Abkürzung der Versuchsdauer völlig falsche Resultate liefern muß. Es gibt aber, wie die folgenden Beispiele zeigen sollen, auch Versuchsbedingungen, bei denen der Kurzversuch eine einwandfreie Beurteilung des Korrosionsverhaltens in längeren Zeiträumen ermöglicht. So läßt sich die Sicherheit von Flußeisen gegen interkristalline Korrosion durch Speisewässer, Laugen und dgl. durch die Alterungskerbschlagprobe vorausbestimmen (Fry 1, S. 502). Ähnlich läßt sich die Schutzwirkung von Farbanstrichen durch mechanische Prüfung der Geschmeidigkeit, Haftfestigkeit und Härte ohne Mitwirkung chemischer Prüfungen mit großer Sicherheit beurteilen (Fry 1, S. 502). Ein Vergleich zwischen Laboratoriumskurzversuchen von 10 Tagen (Rührversuch mit Wasserstoffperoxydzusatz) und Naturversuchen von 6 Monaten (Wechselwirkung des Meerwassers in Norderney) ergab an 10 Werkstoffen mit z. T. verschiedener Zusammensetzung und Wärmebehandlung befriedigende Übereinstimmung (Brenner 2, S. 490—491). Zusammenfassend kann gesagt werden, daß es bei der Frage, ob Naturversuch oder Laboratoriumsversuch, ob Kurz- oder Langzeitversuch, zunächst darauf ankommt, sich einen Einblick in die Korrosionsursachen zu verschaffen und vor allem auf Grund bereits bekannter Ergebnisse die jeweils günstigste Versuchsart zu wählen.

2. Korrosionsmessungen in ruhender Flüssigkeit

Bei der Korrosion der Metalle durch ruhende Flüssigkeiten, die keine stark saure oder alkalische Wirkung ausüben, spielt der an die korrodierende Oberfläche gelangende Sauerstoff (Seite 11) die Hauptrolle. Wenn das Metall völlig eintaucht, wird meistens der gesamte zur Verfügung stehende Sauerstoff verbraucht. In diesem Fall beträgt die Korrosion etwa $^1/_{20}$ bis $^1/_{10}$ Grammäquivalent pro Tag und m² Oberfläche, das sind bei Eisen ungefähr 1—3 g pro Tag pro m² korrodierender Fläche. Das äußere Erscheinungsbild des Angriffs kann nun je nach Eigenart der Metallfläche und der Zusammensetzung der korrodierenden Flüssigkeit

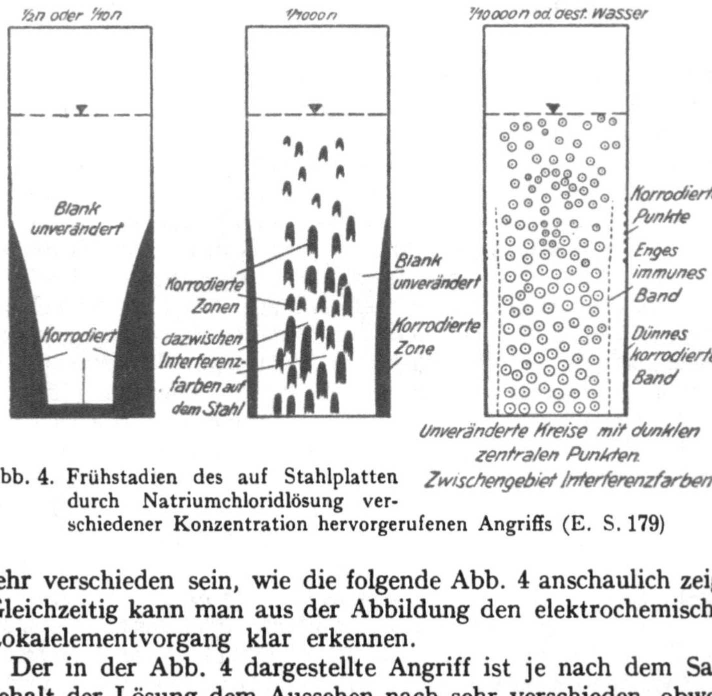

Abb. 4. Frühstadien des auf Stahlplatten durch Natriumchloridlösung verschiedener Konzentration hervorgerufenen Angriffs (E. S. 179)

sehr verschieden sein, wie die folgende Abb. 4 anschaulich zeigt. Gleichzeitig kann man aus der Abbildung den elektrochemischen Lokalelementvorgang klar erkennen.

Der in der Abb. 4 dargestellte Angriff ist je nach dem Salzgehalt der Lösung dem Aussehen nach sehr verschieden, obwohl er rein mengenmäßig nur geringe Unterschiede aufweist. In sehr verdünnter Lösung ($^1/_{10000}$ normal, das entspricht ungefähr dem äußerst geringen Salzgehalt von destilliertem Wasser) haben wir zahlreiche Korrosionspunkte (das rechte Feld), die mit zunehmendem Salzgehalt stark abnehmen (das mittlere Feld), um bei hohem Salzgehalt (linkes Feld) in eine einheitlich korrodierende Fläche überzugehen, welche man als ideale Korrosionsverteilung bezeichnet. Bei geringem Salzgehalt, also geringer elektrischer Leitfähigkeit, können sich keine größeren Lokalelementzonen ausbilden. Wenn dagegen die Leitfähigkeit im Fall der idealen Verteilung groß genug ist, wird die gesamte Fläche in der Nähe der Schnittkante unedel, während der größere Teil des Metalls durch die veredelnde Wirkung des Sauerstoffs kathodisch geworden ist und geschützt bleibt. Man sieht hierbei gleichzeitig den Einfluß der Oberfläche. Am Rande ist das Metall offenbar kantig und unregelmäßig gestaltet, so daß hier sich eine zusammenhängende edle Oxydhaut nicht bilden kann.

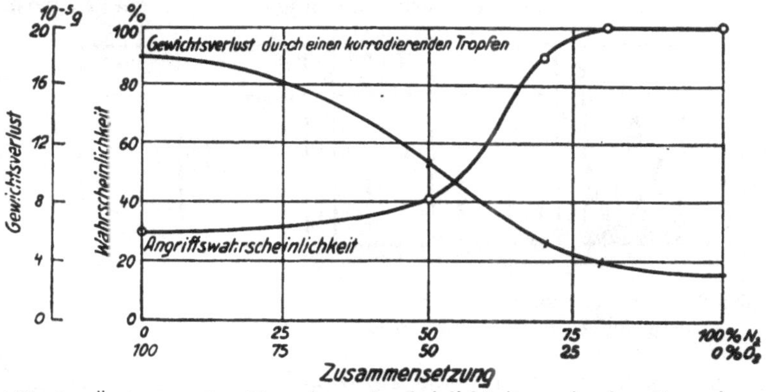

Abb. 5. Änderung der Korrosionswahrscheinlichkeit sowie der Korrosionsgeschwindigkeit mit dem Sauerstoffgehalt. (Nach U. R. Evans und R. B. Mears.) (E. S. 300)

Die Bedingungen für die Entstehung der ersten Korrosionszentren wurden durch die statistische Untersuchung von Mears in folgender Weise ermittelt. Eisenproben wurden mit einem Pinsel durch Wachsstriche in eine große Anzahl kleiner voneinander isolierter Quadrate (3×3 mm) geteilt und mit Flüssigkeit bedeckt. Dann wurde die Hauptmenge der Flüssigkeit abgegossen und die Korrosion an der Luft beobachtet (E. S. 299). Quadrate, die hierbei nach 15 Minuten nicht angegriffen wurden, bleiben gewöhnlich auch nach langer Zeit blank. Mit wachsendem Sauerstoffgehalt nahm die Stärke der Korrosion zu, die Angriffswahrscheinlichkeit dagegen ab (Abb. 5).

Auch die Abb. 5 liefert wieder eine klare Bestätigung für die elektrochemische Tätigkeit des Sauerstoffs. Mit steigender Sauerstoffmenge steigt, wie man sieht, die Korrosion an, weil mehr Sauerstoff an die Lokalelemente gelangt. Aber andererseits wird auch mit steigender Sauerstoffmenge die Aussicht, daß sich eine lückenlose und daher schützende Oxydhaut bildet, größer. Aus diesem Grunde wird die Wahrscheinlichkeit, daß eine bestimmte Stelle der Oberfläche angegriffen wird, um so geringer, je größer der Sauerstoffgehalt wird.

An der Grenzlinie Metall—Flüssigkeit treten besondere Korrosionserscheinungen auf, für deren Messung das englische Korrosi-

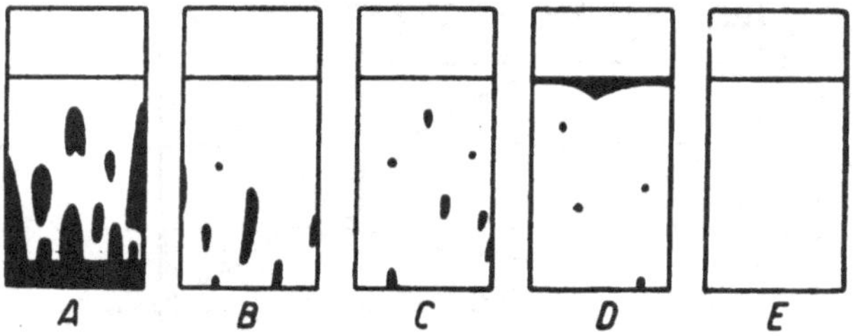

Abb. 6. Korrosion vom Stahl A durch Natriumchlorid, B—E durch Natriumchlorid mit steigenden Zusätzen von Natriumkarbonat (E. S. 306)

onskommittee vorschlägt, die Metallproben entweder in Bechergläsern ¾ eintauchen zu lassen und in einem Winkel von 70° gegen die Horizontale aufzustellen, oder, was wegen der Vermeidung einer Berührung mit dem Glas noch besser ist, das Metall oben anzuklammern und in die Lösung tauchend frei schweben zu lassen (Schikorr 2, S. 10). Die folgende Abb. 6 läßt erkennen, in welcher Weise die Wasserlinienkorrosion mit der Zusammensetzung der korrodierenden Lösung zusammenhängt. Der Wasserlinienangriff tritt in diesem Fall dadurch auf, daß die auf der alkalischen Reaktion beruhende korrosionsschützende Wirkung von Soda durch die Dreiphasengrenze Wasser—Luft—Metall gestört wird.

Oft handelt es sich auch dann um eine Korrosion durch Wasser, wenn man es scheinbar mit anderen Flüssigkeiten zu tun hat. So stellten Fry und Mitarbeiter durch eine besondere Meßanordnung fest, daß die Korrosion durch Treibstoff auf geringe Wasserspuren zuruckzuführen ist, die nicht im Treibstoff gelöst, sondern als Wassertröpfchen vorhanden sind (Fry 2).

Korrosionsmessungen in natürlichem und künstlichem Meerwasser, die sich auf 4 Jahre erstreckten, ergaben in natürlichem Meerwasser eine normale Korrosion von etwa 2 g pro m² und Tag, während im künstlichen Meerwasser die Korrosion allmählich auf etwa den fünften Teil abgesunken war (B. I. S. 275 und 279). Beim Gußeisen, das in Salzlösungen eingetaucht wird, treten besondere Erscheinungen auf, die offenbar mit der feinkörnigen Oberfläche und dem hohen Kohlenstoffgehalt zusammenhängen (E. S. 450). Über eingehende amerikanische Dauerversuche verschiedener Stahl- und Eisensorten (etwa 1000 Proben) bei Einwirkung von Seewasser, Seeluft und Flußwasser berichtet Hadfield (Hadfield).

3. Korrosionsmessungen in bewegter Flüssigkeit

Wenn die Korrosionsmessung in bewegter Flüssigkeit stattfindet, so hat man zunächst eine Korrosionssteigerung zu erwarten, da die korrosionsfördernden Stoffe in größerer Menge an die Oberfläche gelangen. Hier kann dann nach Tabelle 4 die Art des Materials von entscheidender Bedeutung sein.

Tabelle 4 (B. I. S. 206)

Korrosion verschiedener Eisensorten in ruhendem und fließendem Wasser, wobei die Korrosion von Flußeisen in ruhendem Wasser gleich 100 gesetzt wurde

Ruhendes Wasser		Fließendes Wasser
Flußeisen	100	154
Schweißeisen	113	169
Gußeisen	111	272

Wenn die Flüssigkeitsbewegung sich weiter steigert, so kann schließlich der Sauerstoff in so großer Menge an die Oberfläche gelangen, daß er eine schützende Oxydhaut erzeugt, die Korrosion geringer wird und schließlich aufhört. Bei der Korrosion von Eisen in Leitungswasser kommt zur Sauerstoffwirkung als maßgebender Faktor die Bildung schützender Kalk-Rostschichten hinzu. In der Praxis vollzieht sich diese Schutzschichtbildung vielfach durch das fließende Leitungswasser, wobei im Sinne der soeben gemachten Ausführungen die Wasserbewegung den Korrosionsschutz fördert.

Zur laboratoriumsmäßigen Korrosionsmessung in bewegter Flüssigkeit benutzt man am einfachsten Rührvorrichtungen

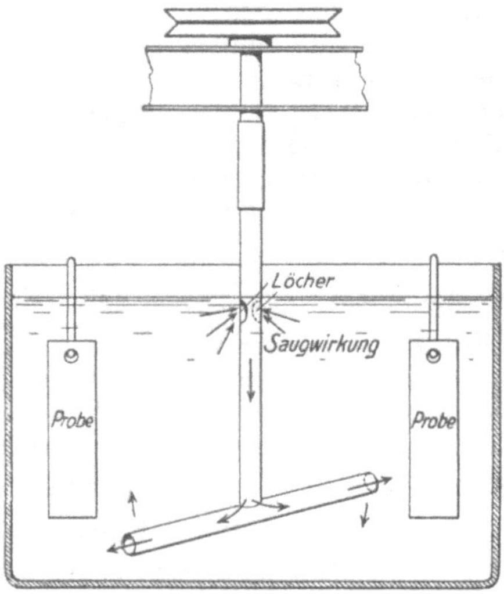

Abb. 7. Rührgerät (Schikorr 2, S. 10)

(Abb. 7), welche für größere Meßreihen als größere Apparate zusammengeschlossen werden (Fry 1, S. 506). Bei Rohrprüfungen müssen die Angriffsmittel durch die Rohre fließen. Die einfachste Anordnung hierfür besteht darin, die Rohre sich dauernd um eine Achse, die senkrecht zur Rohrachse steht, drehen zu lassen; dabei ist jedoch von Nachteil, daß nur geringe Mengen Angriffsmittel verwendet werden können, was eine häufige Erneuerung erforderlich macht. Für die Prüfung der Beständigkeit von Rohren gegen verschiedene Leitungswässer ist im Materialsprüfungsamt Berlin eine Anordnung im Gebrauch, die in Abb. 8 schematisch wiedergegeben ist. Ein Gerät, bei welchem die Flüssigkeitsbewegung durch eine Wasserstrahlpumpe bewirkt wird, zeigt die Abb. 9, eine entsprechende von Haase in der Landesanstalt für Wasser-, Boden- und Lufthygiene Berlin-Dahlem entwickelte Anordnung mit Druckluft die Abb. 10.

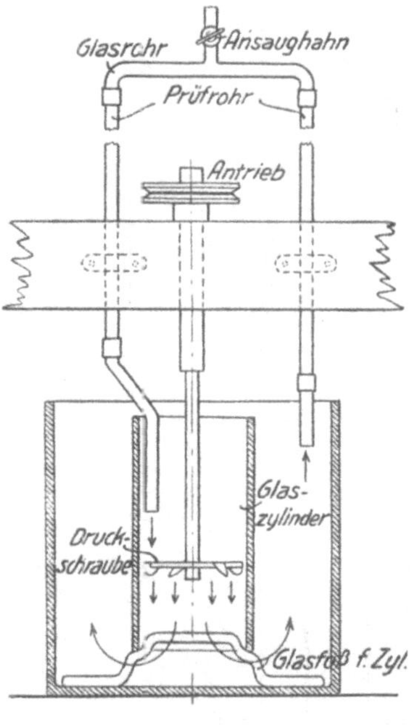

Abb. 8. Prüfeinrichtung für die Korrosion von Rohren durch fließendes Wasser (nach G. Schikorr). M 1 : 5. (Schikorr 2, S. 12)

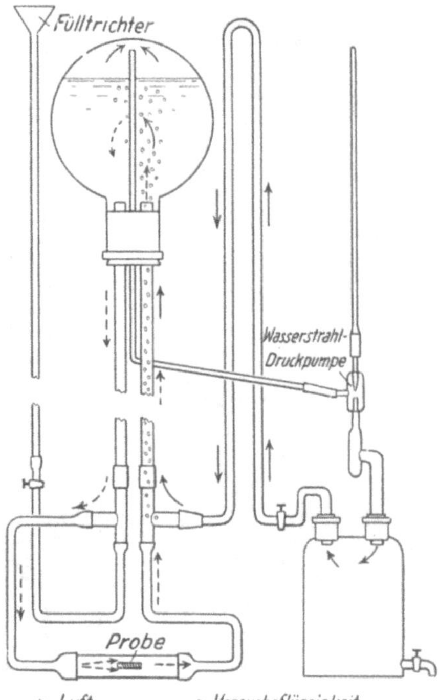

Abb. 9. Fließgerät (nach H. Thyssen, J. Bourdouxhe, A. Portevin) (Schikorr 2, S. 14)

Wegen des elektrochemischen Charakters der Korrosion werden bei verschieden starker Strömung diejenigen Gebiete einer Metallfläche, welche stärkeren Strömungen ausgesetzt sind, bei Zink und Eisen infolge der größeren Sauerstoffzufuhr stärker veredelt. Dadurch entstehen elektrische Belüftungsströme und als Folge davon eine besondere Belüftungskorrosion. Bei edleren Metallen wie Kupfer beobachtet man einen umgekehrten Effekt, indem an den Stellen stärkerer Strömung das gelöste Kupfer stärker fortgeschafft wird, wodurch dann eine Verunedlung eintritt (E. S. 240).

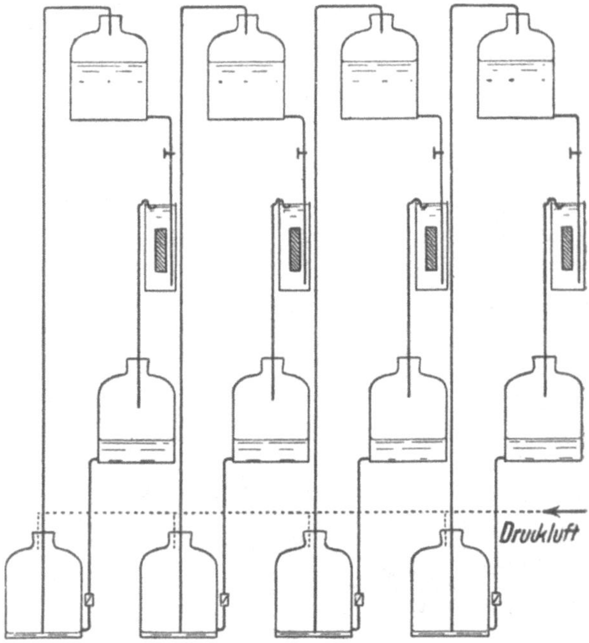

Abb. 10. Werkstoffprüfung mit umlaufendem kaltem Wasser (Hasse 2, S. 48)

Bei der Korrosion von Eisen mit und ohne Walzhaut in fließendem Wasser wurde beobachtet, daß der Angriff bei Gegenwart einer Walzhaut zwar geringer, aber trotzdem gefährlicher war, weil er sich auf begrenzte Bezirke beschränkt hatte. Offenbar sind es die Risse und undichten Stellen in der Walzhaut, welche für diese örtliche Korrosion (Lochfraß) verantwortlich gemacht werden müssen.

4. Korrosionsmessungen unter atmosphärischen Bedingungen

a) Naturversuche

Das Verrosten des Eisens an der Luft hat in den letzten Jahrzehnten eine bemerkenswerte Zunahme erfahren. Hieraus wurde vielfach der Schluß gezogen, daß die früheren Eisensorten besser waren. Diese Schlußfolgerung ist aber nicht richtig, wie sich aus der vergleichenden Betrachtung sämtlicher Ergebnisse von Korrosionsmessungen an der Atmosphäre ergibt. Langjährige Versuche an verschiedenen Orten in Europa, Asien und Afrika ergaben zunächst eine sehr starke Abhängigkeit vom Klima. So wurde z. B. von Hudson in Khartum (Aegypten) 0,017 und in Scheffield in England 2,4/m²/Tag Metallverlust gefunden (Schikorr 2, S. 17—18). Entscheidend ist der weitere, auf Seite 17 bereits erwähnte Befund, daß in mehreren Jahrzehnten sich in einer ländlichen, von Industrieprodukten freien Atmosphäre eine Schutzschicht ausbilden kann, die jeglichen weiteren Angriff verhindert (Daeves). In der Industrieluft tritt dieser Schutz nicht ein. Starke Schwankungen der Korrosionsbeständigkeit können auch im Laufe des Jahres auftreten; so hatte Eisen auf dem Dach des Materialprüfungsamtes Berlin eine Rostgeschwindigkeit von 0,6 g/m² Tag im Juni 1934 (bisher gefundener Tiefstwert) und von 3,7 g/m² Tag im November 1934 (Schikorr 3, S. 113).

Besonders ausgeprägt ist bei der Korrosion an der Atmosphäre der Einfluss der relativen Feuchtigkeit. Sowohl beim Kupfer (E. S. 140) als auch beim Eisen (Schikorr 3, S. 108) setzt die Korrosion ungefähr oberhalb 70% relativer Feuchtigkeit stark ein. Dies Verhalten deutet darauf hin, daß weit unterhalb des Sättigungspunktes das Wasser sich an festen Oberflächen kondensieren kann. Durch direkte Wägung stellte Verfasser leicht abwischbare Schichten von etwa 1×10^{-4} mm Dicke auf Metallen bei Zimmertemperatur im freien Luftraum fest, die auf Grund ihres Verhaltens als Wasserschichten unterhalb des Sättigungspunktes gedeutet wurden (Tödt 6). Durch den Gehalt der Luft an Staub und an Schwefelsäure wird die atmosphärische Korrosion erhöht (Schikorr 4, Vernon).

Sehr eingehend untersucht ist die korrosionsschützende Wirkung eines Kupfergehaltes von etwa 0,2% auf die atmosphärische Eisenkorrosion (B. I. S. 421). Unter den meisten atmosphärischen

Bedingungen ist der gekupferte Stahl deutlich überlegen. Ausnahmen hiervon wurden in Tunneln (Pohl) gefunden (S. 89). Beim Blei ebenso wie beim Aluminium hat man einen allmählich einsetzenden Stillstand der Korrosion, hervorgerufen durch Schutz-

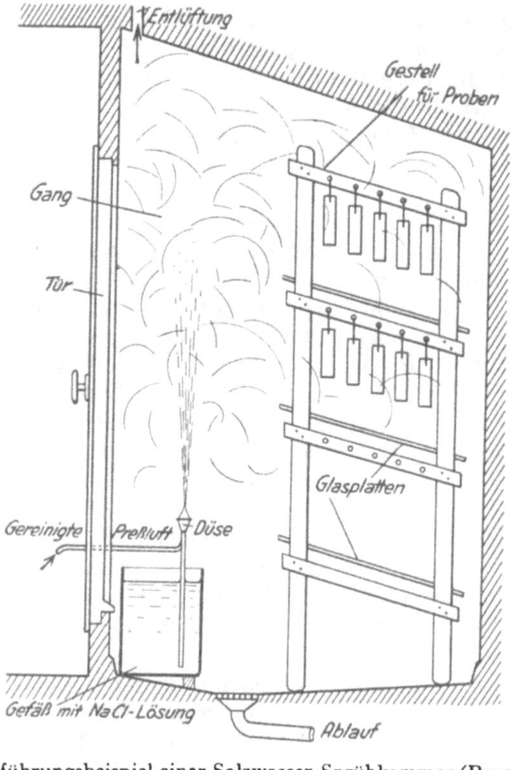

Abb. 11. Ausführungsbeispiel einer Salzwasser-Sprühkammer (Brenner 2, S. 487)

schichten, beobachtet (E. S. 166—167). Gußeisen verhält sich an der Atmosphäre günstiger als Flußstahl (B. I. S. 283). Eine Walzhaut auf Eisen bietet im Laufe eines Jahres einen Korrosionsschutz, der jedoch dann im Laufe der weiteren Jahre wieder zurückgeht (B. I. S. 324).

b) Laboratoriumsversuche

Eine Nachahmung der an der Nord- und Ostsee herrschenden atmosphärischen Bedingungen im Laboratorium wird in der Weise vorgenommen, daß die zu untersuchenden Proben nach Abb. 11 in einem geschlossenen Raum aufgehängt werden, in welchem stündlich einmal für kurze Zeit eine 3%ige Lösung von Kochsalz durch Preßluft versprüht wird.

Die Zerstäubung soll so fein sein, daß sich der Nebel bis zur nächsten Sprühung hält. Diese durch das deutsches Normblatt DIN 4853 (Bearbeiter P. Brenner) empfohlene Methode, die zur Beurteilung des Verhaltens von Aluminium und Aluminiumlegierungen im Meeresklima geeignet ist, liefert nach Schikorr keine einwandfreien Schlüsse über die Korrosionsbeständigkeit in städtischen Atmosphären (Schikorr 5). Es sind daher weitere Meßreihen erwünscht, welche den atmosphärischen Bedingungen des Binnenlandes entsprechen.

Abb. 12. Elektrisch gesteuertes Wechseltauchgerät für gleichzeitige Prüfung in verschiedenen Lösungen. (Chemisch-Technische Reichsanstalt, Berlin-Plötzensee.) (Fry 1, S. 507)

Ebenfalls sehr verbreitet und in demselben Normblatt beschrieben ist der in der Abb. 12 wiedergegebene Wechseltauchversuch, bei welchem die Proben halbstündlich für kurze Zeit in eine 3%ige Lösung von Kochsalz eintauchen. Dieser Versuch entspricht in seiner Wirkung dem natürlichen Ebbe-Flutversuch und gibt einen Einblick in das Verhalten von Werkstoffen, die vorübergehend feucht und wieder trocken werden oder bei denen eine Bespritzung mit Seewasser stattfindet, wie z. B. bei Schwimmern von Flugzeugen. Ergebnisse mit Wechseltauchversuchen bei verschiedener Eintauchdauer sind in der Abb. 13 enthalten, während Abb. 14 den Einfluß verschiedener relativer Feuchtigkeit im Versuchsraum darstellt.

Nach Abb. 14 ist der Zusammenhang zwischen Rostgeschwindigkeit und relativer Feuchtigkeit so eindeutig, daß die Rostapparatur gleichzeitig als Feuchtigkeitsanzeige dienen könnte. Im Materialprüfungsamt Berlin wird die laboratoriumsmäßige Prüfung von Metallen auf Beständigkeit gegen städtische Atmosphären so vor-

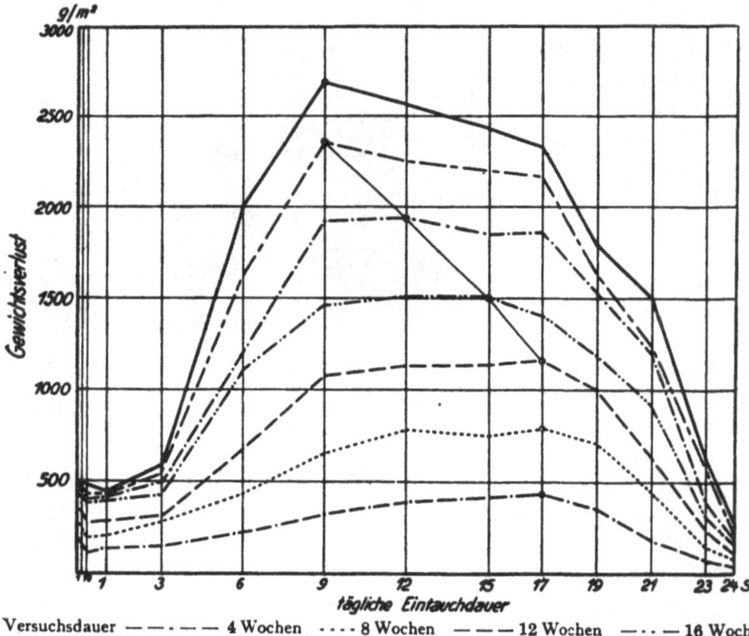

Versuchsdauer — — · — — 4 Wochen · · · · 8 Wochen — — — 12 Wochen — · · — 16 Wochen — · — · 20 Wochen — — — — 24 Wochen ——— 28 Wochen Wasserwechsel nach je 4 Wochen
p_H bei Versuchsbeginn 7,6 o = Höchstwerte

Abb. 13. Gewichtsverlust von Stahl St 37 in Seewasser bei verschiedener Eintauch-Dauer (nach F. Eisenstecken; und E. Kesting). (Schikorr 2, S. 15)

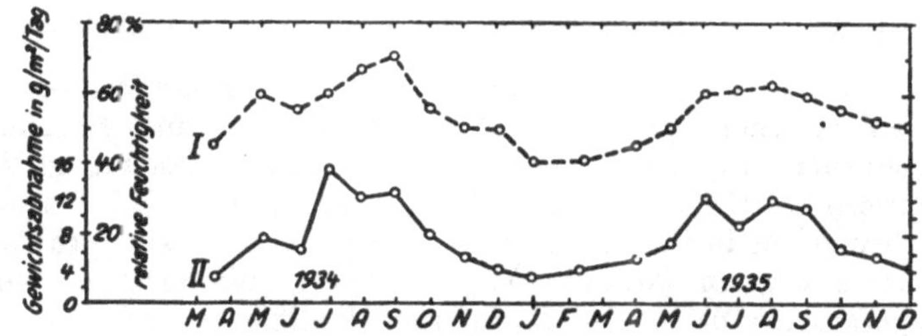

Abb. 14. Rostgeschwindigkeit bei Wechseltauchversuchen in künstlichem Nordseewasser und durchschnittliche relative Feuchtigkeit im Versuchsraum (nach G. Schikorr). (Schikorr 2, S. 16)

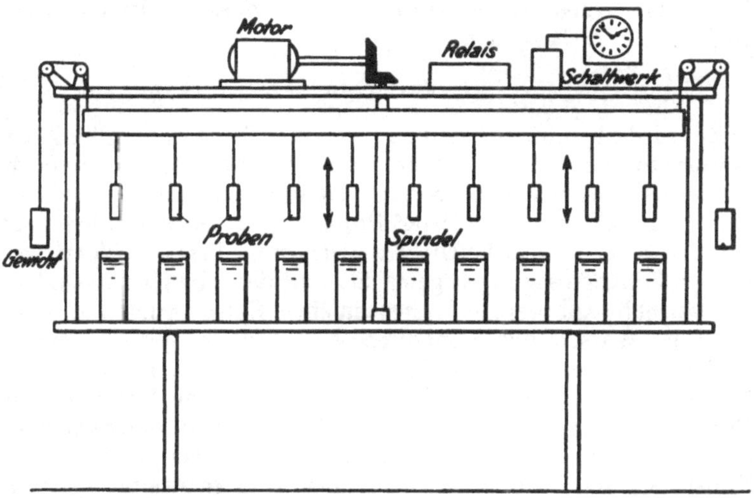

Abb. 15. Selbsttätiges Tauchgerät (nach H. Günther). (Schikorr 2, S. 17)

genommen, daß ein selbsttätiges Tauchgerät die Proben alle 2 Stunden 5 Minuten lang in eine Lösung, die 0,05% Schwefelsäure und 0,01% Salzsäure enthält, eintaucht (entsprechend dem Säuregehalt einer Industrieatmosphäre). Das Gerät ist täglich 16 Stunden geschlossen, so daß in ihm hohe Luftfeuchtigkeit herrscht, und 8 Stunden geöffnet, während der die Proben trocknen können. Abb. 15 zeigt das Tauchgerät des Materialprüfungsamtes.

5. Korrosionsmessungen bei erhöhter Temperatur

Die Korrosion steigt im großen und ganzen mit der Temperatur an. Allgemeingültige Zahlen für den Temperaturkoeffizienten können nicht angegeben werden, da je nach den besonderen Verhältnissen sehr verschiedene Werte möglich sind. Bei Eisen in Berührung mit lufthaltigem Wasser steigt die Korrosion pro Grad um etwa 6% an (Müller, W. J. 2). Dieser überraschend hohe Temperaturkoeffizient ist darauf zurückzuführen, daß mit steigender Temperatur die Konvektion (Wirbelung) stark zunimmt und erhöhte Sauerstoffmengen an die Oberfläche gelangen. Steigt die Temperatur bis in die Nähe des Siedepunktes, so kann die Korrosion wegen der Abnahme des im Wasser gelösten Sauerstoffs stark zurückgehen.

a) Warmwasser

Es wurde bereits auf Seite 20 bei der Gegenüberstellung von Naturversuchen und Laboratoriumsversuchen betont, daß die Korrosion von Warmwasser- und Dampfheizungsanlagen als ein bisher unvollkommen gelöstes Problem angesehen werden muß. Bei der großen wirtschaftlichen Bedeutung dieses Gebietes werden große Anstrengungen gemacht, um hier Abhilfe zu schaffen. Die Mittel hierzu bestehen erstens in einer Entsäuerung und Reinigung des Wassers durch entsprechende Zusätze oder eine zweckmäßige Filtration (Tabelle 17, Seite 92), zweitens in einer Entfernung von schädlichem Sauerstoff (durch eine Natriumsulfit-Dosierung) und drittens durch Unterstützung der Bildung schützender Schichten, wie durch Phosphatzusatz (Haase 3 S. 152). Nähere Angaben über diese Maßnahmen sind im zweiten Teil über Korrosionsverhütung, Abschnitt II, B, 3 gemacht, wo ebenfalls die Korrosion im Dampfkessel behandelt wird.

Es ist bemerkenswert, daß diese Korrosionsschutzmaßnahmen vom korrodierenden Mittel ausgehen und nicht vom korrodierenden Material. Jedenfalls gelten hier ganz besonders die Ausführungen des Abschnittes A, 4, da es bisher nur unvollkommen gelungen ist, sich über die maßgebenden Umstände bei der Warmwasserkorrosion volle Klarheit zu verschaffen. Zweifellos ist der Sauerstoff auch hier der angreifende Stoff, den man entweder entfernen oder durch Schutzschichtbildung von der Oberfläche fernhalten muß. In Dampfheizungssystemen wurde CO_2 allein oder zusammen mit O_2, der in den Kondensaten gelöst ist, in den meisten Fällen als Korrosionsursache in Eisenleitungen ermittelt (Collins).

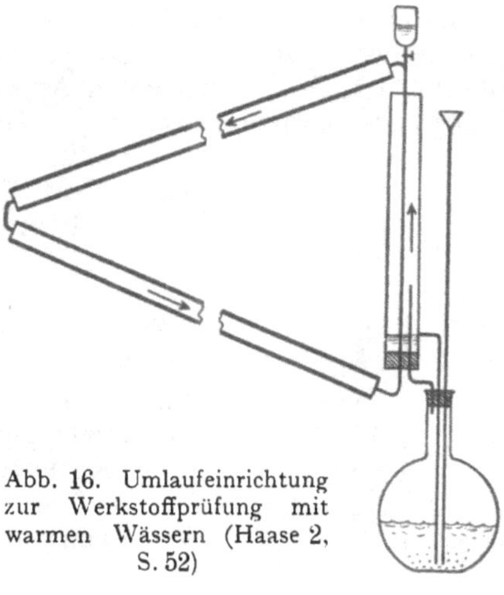

Abb. 16. Umlaufeinrichtung zur Werkstoffprüfung mit warmen Wässern (Haase 2, S. 52)

Mehrere Anordnungen zur Untersuchung der Korrosion durch bewegtes Warmwasser beschreibt Haase (Haase 2, S. 52 u. 53, Abb. 16 u. 17). Die Apparaturen erinnern an eine Warmwasserzentralheizung. Man leitet in das Doppelmantelrohr Dampf, der sich am inneren Rohr, durch welches die Pufferflüssigkeit fließt, kondensiert, und fortlaufend in den Dampfentwickler zurückgelangt. Das erwärmte Wasser steigt nach oben und bringt das übrige Wasser in kreisende Bewegung. Es findet hierbei ein geschlossener Wasserkreislauf statt, in den die zu prüfenden Rohrstücke in beliebiger Zahl eingeschaltet werden können. Die

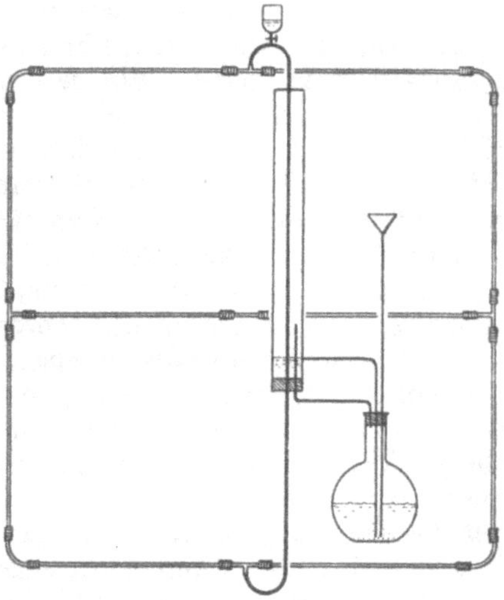

Abb. 17. Werkstoffprüfung mit umlaufendem warmem Wasser (Haase 2, S. 53)

Wasserbewegung beträgt etwa 7—10 Liter pro Stunde, was den praktischen Verhältnissen entspricht (Haase 2, S. 51). Die im Abschnitt I, B, 3 abgebildeten Apparaturen können ebenfalls für Warmwasserkorrosionsmessungen Verwendung finden.

Für die Untersuchung in der Praxis ist der Einbau leicht entfernbarer Rohrstücke (Kontrollstücke) wichtig (DIN 4809 U, 1939).

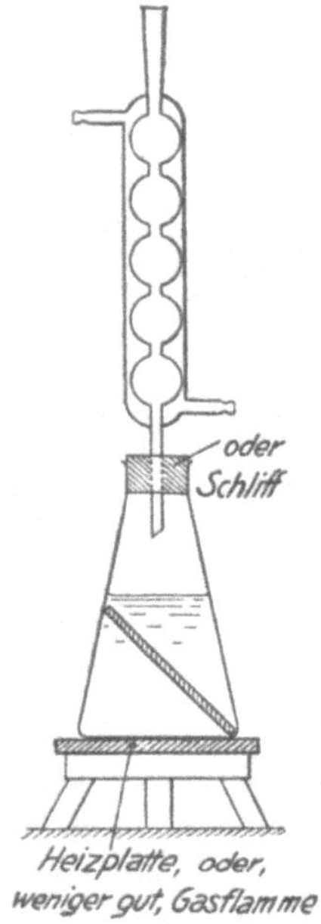

Abb. 18. Korrosionskochversuch (Werner 1, S. 483)

b) Kochversuch

Zur Messung und Beurteilung der Beständigkeit von Werkstoffen für die chemische Technik wurde von Werner das Normblatt Din 4852 entwickelt, welches einen Kochversuch vorschreibt (Werner 1). Die zu benutzende Anordnung sowie die Abmessung und Anbringung der Versuchsproben kann der Abb. 18 entnommen werden.

Für die praktische Verwendbarkeit der Metalle kann dieser Kochversuch nur einen ersten Anhaltspunkt geben. Ein wesentliches Ziel eines solchen genormten Kochversuchs ist darin zu erblicken, daß zwischen Hersteller und Verbraucher auf Grund derartiger einheitlicher Versuche Meinungsverschiedenheiten über das Korrosionsverhalten auf Grund eindeutig definierter Korrosionsmessungen ausgeglichen werden können. Die Versuchsdauer ist der Stärke des Angriffs anzupassen und soll, falls das Metall einen höheren Angriffswert als 0,3 mm/Jahr zeigt, nicht kürzer sein als 7 Tage. Bei geringeren Angriffswerten wird eine wesentlich längere Versuchsdauer vorgeschrieben. Nach Beendigung des Versuchs wird der Gewichtsverlust festgestellt und dient als Maß für die Korrosion. Korrosionsversuche für Forschungszwecke können natürlich nicht immer im engen Rahmen einer genormten Vorschrift bleiben, doch kann auch hier zwecks besserer Vergleichs- und Auswertungsmöglichkeit die Anwendung genormter Verfahren von Nutzen sein.

c) Korrosion in heißen Gasen

Die Korrosion durch heiße Gase spielt bei der Metallverarbeitung eine sehr große Rolle. Erhitzte Metalle haben ein starkes Bestreben, mit Gasen zu reagieren. So kann z. B. Eisen durch Sauerstoff und Wasserstoff unter Bildung von Kohlensäure und Methan entkohlt werden: $Fe_3C + O_2 = 3Fe + CO_2$ und $Fe_3C + 2H_2 = 3Fe + CH_4$. Diese beiden Gleichungen können aber auch entgegengesetzt verlaufen. In diesem Fall nimmt das Eisen Kohlenstoff auf (Baukloh 1).

Starke Schädigungen entstehen in der Praxis beim Abkühlen von Widerstandsdrähten. Entsprechende Prüfverfahren werden in der Weise ausgeführt, daß abwechselnd erwärmt und abgekühlt wird. Durch solche intermittierende Beanspruchung wird die Lebensdauer auf $^1/_{10}$ des bei kontinuierlicher Belastung ermittelten Wertes verkürzt (E. S. 124).

Jedem Metallfachmann ist das Zundern des Eisens bei hoher Temperatur bekannt, wodurch das Eisen an der Oberfläche durch Sauerstoff zu den unerwünschten Zunderschichten oxydiert wird. Beispiele für den starken Einfluß des Metalles auf die Zunderbildung enthalten die folgenden Tabellen 5 und 6 (Werner 1, S. 482).

Tabelle 5

Zunderung von Chromeisenguß. 100 h bei 900° mit 150 l/h Luft

Probe	% Cr	% Mo	Tage/mm	mm/Jahr
S 18 1	28,95	0,65	33	10,9
S 18 2			21	17,1
G 1	33,8	2,66	615	0,58
G 2			612	0,59

Tabelle 6

Zunderung von Kupferlegierungen. 120 h bei 900°. 150 l/h Luft

	Tage/mm	mm/Jahr
Kupfer	4,5	81
Cu/Mn 98/2	3,8	96,25
Cu/Al 90/10	1450	0,25
NK	2000	0,18

Die in den Tabellen 5 und 6 wiedergegebenen Werte sind durch besondere Zunderungsversuche ermittelt. Man sieht an den Ergebnissen, daß scheinbar geringfügige Änderungen in der Materialzusammensetzung den Angriff um das 30fache und mehr verändern können. Solche Versuche haben daher eine große praktische Bedeutung.

6. Allgemeine Richtlinien für die Durchführung und Auswertung von Korrosionsversuchen

Normblatt DIN 4850, September 1937, Beuth-Vertrieb G.m.b.H., Berlin SW 68, Dresdener Str. 97

Die Vielseitigkeit der Korrosionsversuche hat dazu geführt, in Deutschland ein allgemeines Normblatt herauszugeben, welches folgende Abschnitte enthält: A. Allgemeines, B. Versuchsbedingungen, C. Anzugreifender Werkstoff, D. Angreifendes Mittel, E. Feststellung der Versuchsergebnisse. Dieses Normblatt vermittelt auf 4 Druckseiten einen kurzgefaßten Überblick über sämtliche Einzelheiten, die bei Korrosionsversuchen berücksichtigt werden müssen (Bearbeiter: W. Wiederholt, Berlin).

Im Folgenden sollen aus den einzelnen Abschnitten nur einige Stichworte angegeben werden. A. Allgemeines: In der Regel sind Vergleichsversuche durchzuführen, zeitlicher Verlauf, Anzahl der Proben, Einfluß von Oberflächenschichten. — B. Versuchsbedingungen: Form, Oberflächengröße, Anbringung, Befestigung, Aufhängung der Proben, Luftzusammensetzung, Art und Form der Gefäße. — C. Anzugreifender Werkstoff: Kennzeichnung, Vorbehandlung, Zusammensetzung, Oberflächenbeschaffenheit und Herstellung der Proben. — D. Angreifendes Mittel, Temperatur, Erneuerung und Veränderung des angreifenden Mittels. Chemische Zusammensetzung, Konzentration, Gehalt an Gasen (Sauerstoff, Kohlensäure, schweflige Säure). — E. Feststellung der Versuchsergebnisse. Gewichts-, Oberflächen- und Gefügeveränderung, Änderung der mechanischen Eigenschaften, Art und Beschaffenheit der Korrosionsprodukte.

Besonders betont wird die Notwendigkeit, die Versuchsbedingungen den praktischen Verhältnissen anzupassen, so daß ausschlaggebende Urteile im allgemeinen nur auf Grund praktischtechnischer Langzeit-Versuche abgegeben werden können. Daraus ergibt sich, daß beschleunigte Kurzversuche nur dann anzuwenden sind, wenn man durch besonders hierzu angestellte Ermittlungen die Übereinstimmung zwischen Kurz- und Langzeitversuch, bzw. zwischen Laboratoriumsversuch und technischem Großversuch festgestellt hat (S. 21) (Brenner 1, S. 49).

C. Die verschiedenen Korrosionsmessungen

1. Beobachtung der Korrosion mit dem Auge

a) Ohne Verschärfung der Korrosion

Die Beobachtung des korrodierenden Metalls mit dem Auge ist die sinnfälligste, einfachste und daher auch eine jedermann bekannte Korrosionsmessung. Im Gegensatz zu den im nächsten Abschnitt beschriebenen chemischen Prüfungen, durch welche quantitativ die Menge an korrodiertem Metall gemessen wird, handelt es sich bei der einfachen Beobachtung zunächst um eine qualitative Feststellung, ob das Metall verrostet oder nicht. Das Auge ist allerdings auch in der Lage, manche Besonderheiten der Korrosion zu erfassen, welche durch sonstige Methoden nicht ermittelt werden können. So kann man z. B. bei einer Ätzflächenkorrosion, die an Aufbewahrungsgefäßen für Mischsäure auftritt, mit großer Schärfe erkennen, daß der Werkstoff unbrauchbar ist (Abb. 19).

Ganz allgemein läßt sich eine Korrosion an bevorzugten Stellen in Form von Lochfraß oder interkristalliner Korrosion (S. 9 u. 10) meist schon mit dem Auge erkennen, wobei man sich oft zur Verschärfung der Beobachtung eines Mikroskopes bedient.

Eine Sichtbarmachung der anodischen und kathodischen Stellen der korrodierenden Lokalelemente (Abb. 1) gelingt durch den sogenannten Ferroxylindikator, der aus einer Mischung von Phenolphthalein und Kaliumferricyanid besteht (B. 1. S. 173). An den anodischen Stellen entsteht Blaufärbung infolge von Thurnbullsblaubildung durch die Reaktion der anodisch gelösten Fe-II-Ionen mit dem Kaliumferricyanid. An den Kathoden färbt sich durch die alkalische Reaktion das Phenolphthalein rot.

Weiterhin werden zur Bestimmung der Korrodierbarkeit metallischer Oberflächen wässrige oder organische Jodlösungen benutzt (Tichonow). Von sonstigem für die Korrosionsanzeige vorgeschlagenen Indikatoren sei noch ein Universalindikator erwähnt (Goldowski 1), der aus einer Mischung der Indikatoren Kresolphthalein, Methylrot, Bromthymolblau, Naphtholphthalein, Methylorange und Phenolphthalein besteht. Dieser Mischindikator schlägt zwischen pH 3 und 11 mit einer Farbfolge rot-orange-gelb-grün-grünblau-violett um und wird mit einem Angriffsmittel, das

Abb. 19. Ätzfurchenkorrosion von Stahl durch Mischsäure (nach M. Werner). (R. 171)

aus einer 1%igen Kochsalzlösung mit 10% Gelatinezusatz besteht, auf die zu untersuchenden Metallflächen aufgebracht. Die entstehenden Farben dienen dann zur Beurteilung von Korrosionsverschiedenheiten.

b) Mit Verschärfung der Korrosion

Wenn man gleichzeitig mit einem der beschriebenen Indikatoren ein korrodierendes Mittel hinzufügt, so erhält man eine schnelle und deutlich erkennbare verschärfte Korrosionsbeobachtung. Für die Beurteilung der Güte von metallischen Überzügen sowie Phosphatschichten auf verschiedenen Grundmetallen beschreibt Vollmer eine Reihe von Lösungen, die auf den Überzug aufgebracht werden und die Poren im Überzug erkennen lassen (Vollmer).

Für die Erkennung der interkristallinen Korrosion von nichtrostendem Stahl benutzt man saures Kupfersulfat. Dadurch wird der interkristalline Zerfall verstärkt, so daß das Metall nach einem Erhitzen in dem gefährlichen Temperaturgebiet zu Pulver zerfallen kann (E. S. 474). Die Ursache des Kornzerfalls besteht in einer Ausscheidung von Chromkarbid an den Korngrenzen, was zu einer lokalen Verarmung des Eisens an Chrom und damit zu einer bevorzugten Angriffsmöglichkeit führt. Durch Legieren mit einer Titanmenge, welche etwa 4mal so groß ist wie der Kohlenstoffgehalt, wird der Schaden behoben, weil das Titan eine größere Affinität zum Kohlenstoff besitzt als Chrom (Tabelle 7). Dadurch bildet sich Titankarbid, und die Chromausscheidung unterbleibt.

Tabelle 7 (E. S. 475)

Angabe des zur Vermeidung von intergranularer Korrosion erforderlichen Titangehaltes. (Nach E. Houdremont und P. Schafmeister)

C-Gehalt in %	Erforderlicher Ti-Gehalt in %
0,08	0,2
0,10	0,4
0,12	0,5
0,14	0,6
0,16	0,66
0,18	0,73

Ein weiteres Mittel zur Vermeidung dieser Korngrenzenkorrosion ist eine Kaltbearbeitung, wie Fry und Schafmeister in der folgenden Weise einfach illustrieren konnten. Einige Stücke von $^{18}/_{8}$ Chromnickelstahlfolien wurden mit Scheren ausgeschnitten, 2 Stunden bei 700° erhitzt und hierauf 170 Stunden in saure Kupfersulfatlösung gebracht. Der Hauptteil der Folien zerfiel in Pulver, jedoch blieben die mit der Schere geschnittenen Kanten (die Schnittspannungen aufgenommen hatten) unbeschädigt (E. S. 474).

Die Messung der interkristallinen Korrosion von Messing gelingt durch eine Quecksilbernitratlösung, welche 1% freie Salpetersäure enthält. Man kann auf diese Weise sofort erkennen, ob Messing innere Spannungen besitzt (welche durch Kaltbearbeitung entstehen und sich leicht durch einstündiges Glühen bei 275° beseitigen lassen (E. S. 505). Die Wirkung der Quecksilbersalze ist so stark, daß ein kalt bearbeitetes Stück Messing, wenn es mit einer Lösung dieses Salzes in Berührung kommt, rasch zerfällt, ein Vorgang, der oftmals von einem lauten Knall begleitet wird (E. S. 506).

c) Die Ätzung und Bearbeitung von Metallschliffen (übernommen aus Rabald, E. Metallische Werkstoffe (R.), S. 116—122)

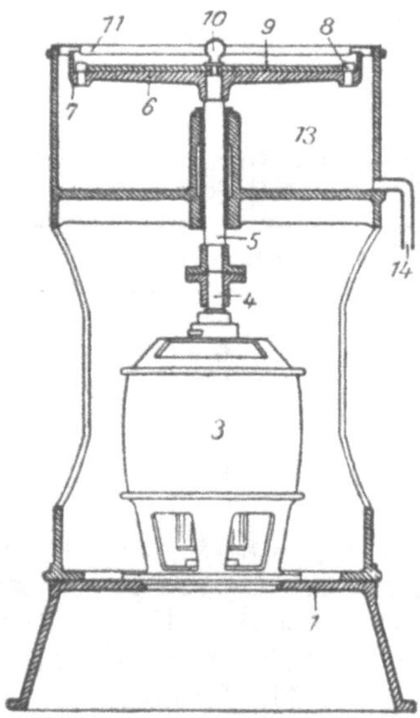

Abb. 20. Schleifmaschine (aus O. Wawrziniok, Materialprüfungswesen).
1 Maschinengestell; 3 Antriebselektromotor; 4 Kupplung; 5 Welle; 6 Bronzescheibe; 7 Rand der Bronzescheibe; 8 Paßstifte gegen Verdrehung; 9 Eisenscheiben zur Beklebung mit Schmirgelpapier; 10 Bolzen; 11 Auffangring; 13 Trog; 14 Wasserablauf (R. S. 116)

Eine der bekanntesten Untersuchungsmethoden der Metallographie geht von Metallschliffen aus, deren Herstellung, Beobachtung und Auswertung im Grunde nichts anderes ist als eine durch besondere Maßnahmen verschärfte Messung der Korrosion mit dem Auge. Die Herstellung der Metallschliffe erfolgt entweder durch Schleifen mit der Hand oder durch besondere Schleifmaschinen (Abb. 20).

Auf eine Bronzescheibe werden mit Schmirgelpapier beklebte Eisenscheiben und das Poliertuch aufgelegt. Da die Rinne am Rande der Scheibe mit Wasserablauflöchern versehen ist, kann man im Wasserstrom schleifen und vermeidet so alle Erhitzungen. Zuerst wird grob vorgeschliffen und dann mit Schmirgelpapier von immer feiner werdender Körnung feingeschliffen. Hat man auf diese Weise eine spiegelblanke Fläche erhalten, so kann das Gefüge auf verschiedene Arten kenntlich gemacht werden. In manchen Fällen sind die Gefügebestandteile verschieden leicht durch heiße Luft oxydierbar, so daß es möglich ist, durch Erhitzen der Schliffprobe („Anlassen") (Schliffseite nach oben) und nachheriges Abschrecken im Wasser (Schliff darf nicht benetzt werden) auf einem Eisenblech das Gefüge zu entwickeln.

Eine andere Methode ist das „Reliefpolieren". Hier wird der Schliff von Hand auf einer weichen Unterlage mit einem feinen Poliermittel weiterpoliert. Durch die weiche Unterlage (Gummiplatte) wird bewirkt, daß sich hauptsächlich die weicheren Gefügeteile ausschleifen und die härteren stehen bleiben. Genügt diese rein mechanische Behandlung nicht, so können dem Poliermittel noch Ätzmittel, wie Süßholzextrakt (10 g Süßholzspäne mit 10 g kaltem Wasser extrahiert) oder 2%ige Ammoniumnitratlösung zugesetzt werden. Dieser Vorgang ist von Osmond eingeführt und als „Ätzpolieren" bezeichnet worden.

In den meisten Fällen wird aber zur Freilegung des Gefüges die Ätzung des Schliffs herangezogen. Da die verschiedenen Strukturbestandteile durch Ätzmittel verschieden stark angegriffen und die auffallenden Lichtstrahlen je nach Lage des Kristalls verschieden reflektiert werden, erhält man charakteristische Ätzbilder, welche sowohl die Gefügebestandteile und deren Korngröße als auch die Einzelheiten der Herstellung, Verarbeitung, Verformung sowie Fehler der Metalle erkennen lassen (Abb. 21, 22 und 23). Die bei den verschiedenen Metallen anzuwendenden Ätzmethoden sind in der Tabelle 8 enthalten.

Beim Ätzen sind gewisse Vorsichtsmaßregeln zu beachten. Der Schliff muß vor der Ätzung durch Abspülen mit Benzol, Alkohol oder anderen organischen Lösungsmitteln von Fett, Öl und dergleichen befreit werden. Dann wird er im Exsikkator mit Hilfe eines reinen, trockenen Luftstromes getrocknet. Das Eintauchen in das Ätzmittel soll rasch erfolgen, ferner muß der Schliff völlig von diesem bedeckt sein. Anhaftende Luftblasen sind unbedingt zu beseitigen, da sonst fehlerhafte Ätzbilder entstehen. Konzentrationsänderungen des Ätzmittels an der Schliffläche müssen vermieden werden, was dadurch erzielt werden kann, daß die Schliffläche senkrecht im Ätzbad steht und dieses durch Hin- und Herkippen des Gefäßes in leichter Bewegung gehalten wird. Die

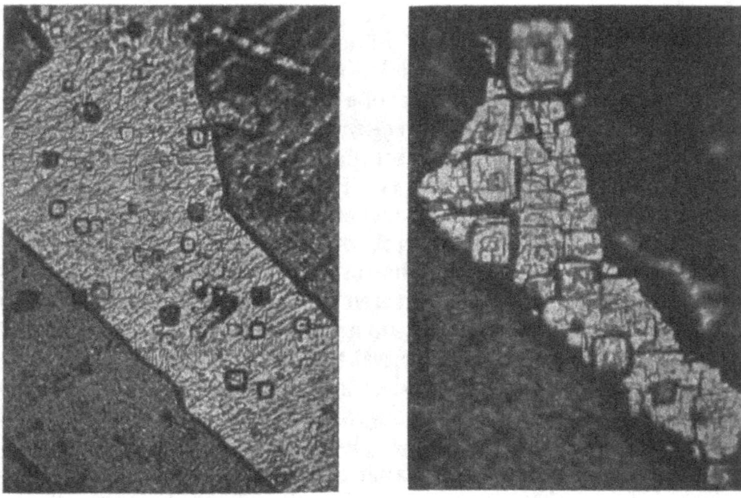

Abb. 21a und b. Kristallfigurenätzung bei Kupfer. Vergrößerung 200 fach.
a) 10 Minuten mit 10%iger Ammonpersulfatlösung geätzt;
b) Ätzbild der gleichen Probe nach 50 Min. (R. S. 118)

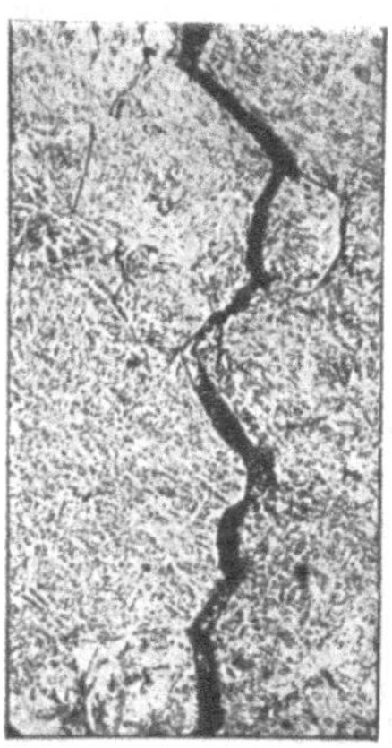

Abb. 22. Härteriß in Stahl. (R. S. 119)

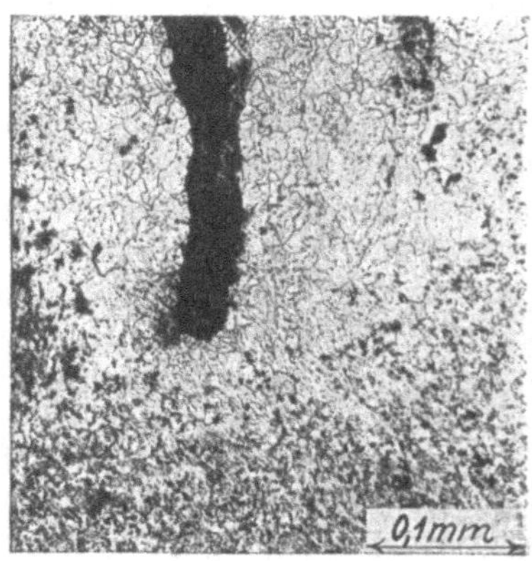

Abb. 23. Schlackeneinschluß bei einem Cr + V-Stahl (nach C. Bach und R. Baumann). (R. S. 119)

Ätzmittel für Metallschliffe

Zusammensetzung des Ätzmittels	Hauptsächlich verwendet zur Ätzung von
Ammoniak (Dichte 0,91)	Kupfer und seinen Legierungen. Ätzung am besten durch Polieren mit dem mit NH_3 getränkten Wattebausch. Ätzzeit einige Sekunden, dann mit H_2O das NH_3 aus dem Bausch verdrängen. Es werden die Korngrenzen freigelegt. β-Messing wird verfärbt.
Ammoniumpersulfat (10 g + 100 cm³ Wasser)	Techn. Eisen, Nickel, Kupfer und dessen Legierungen. Bei letzteren evtl. Zusatz von etwas Ammoniak.
Saure Ammoniumpersulfatlösung (2 Tl. 15%ige Ammoniumpersulfatlösung + 2 Tl. 18%ige HCl + 1 Tl. einer konz. alkohol. Orthonitrophenollösung	Legierte (namentlich austenitische) Stähle. Kornfelderätzung.
Chromsäure (10 g + 100 cm³ H_2O oder 100 g + 100 cm³ H_2O)	Zink, Cadmium und Al- + Mg-Legierungen. Für Korngrenzenätzung die verdünnte, für Kristallfiguren die konz. Lösung. Entsteht eine festhaftende gelbe Oxydhaut, so kann diese durch Behandlung mit verd. Kalilauge beseitigt werden. — Auch für Korngrenzenätzung von Kupfer und seinen Legierungen.
Flußsäure (10—20%ige wäßrige Lösung)	Aluminium und seine Legierungen. Ätzung, bis eine feine matte Oberfläche entsteht, und dann kurzes Eintauchen in konz. HCl.
Kupferammoniumchlorid (10 g + 120 cm³ H_2O) Methode von E. Heyn	Techn. Eisen (nicht Roheisen, gehärtete Stähle und Sonderstähle). Schwammig abgeschiedenes Kupfer wird mit einem Wattebausch beseitigt. Stellen mit Anreicherungen an P und C werden durch Dunkelfärbung kenntlich. Ätzdauer etwa 1 Min.
Ammoniakalisches Kupferammoniumchlorid. Lösen wie oben, dann so viel NH_3 zusetzen, bis sich der anfangs gebildete Niederschlag wieder auflöst	Techn. Eisen, Kupfer, Messing, Bronze; Kornfelder zeigen dislozierte Reflexion.
Natriumpikrat (2 g Pikrinsäure + 25 g NaOH + 75 cm³ H_2O, eine halbe Stunde auf dem Wasserbad erwärmen)	Techn. Eisen. Es wird besonders das Eisencarbid gekennzeichnet, jedoch werden auch Sulfid- und Oxydeinschlüsse sichtbar. Ätztemp. 100°, Ätzzeit 5—10 Min.

Tabelle 8 (Fortsetzung)

Zusammensetzung des Ätzmittels	Hauptsächlich verwendet zur Ätzung von
Salpetersäure (Dichte 1,18—1,40, oder 20 cm³ Dichte 1,40 + 10 cm³ Wasser	Silber, Kupfer und Legierungen, Nickel, techn. Eisen. Ätzung mit konz. HNO_3 erfolgt am besten so, daß ein Tropfen HNO_3 auf den schräggestellten Schliff gegeben wird. Nach dem Ablaufen wird kräftig mit Wasser nachgespült. Es werden Kristallfelder und Korngrenzen entwickelt. Ferner werden Schlackeneinschlüsse sichtbar. Perlit wird gefärbt. Die verdünntere Säure eignet sich für Blei-Antimonlegierungen.
Salpetersäure (4 cm³ Dichte 1,14+ 100 cm³ abs. Alkohol), (1 cm³ Dichte 1,4+ 100 cm³ Amylalkohol) Methode von Martens	Gußeisen sowie Ni-, Cr- und W-Stähle. Die Amylalkoholmischung läßt Martensit weiß, während Austenit braun und Troostit und Sorbit schwarzbraun, zuweilen auch grünlich gefärbt werden.
Salpetersäure (1 Tl. 4%ige HNO_3 Lösung in Essigsäureanhydrid + je 1 Tl. Methyl-, Äthyl- und Isoamylalkohol) Methode von W. Z. Kurbatoff)	Techn. Eisen. Erkennung von Austenit, Martensit, Troostit.
Salzsäure (Dichte 1,12 oder 1 cm³ Dichte 1,19+ 100 cm³ abs. Alkohol) Methode A. Martens u. E. Heyn	Blei, Zinn und deren Legierungen. Kornfeldätzung. Die alkoholische Lösung ist für Zink-, Blei- und Aluminiumlegierungen (Ätzzeit einige Sekunden) und techn. Eisen (Ätzzeit 3—15 Min., bei gehärteten Stählen bis zu 1 Std.). Bei legierten Ni-, Cr-, W-Stählen evtl. Zusatz von einigen cm³ gesättigter alkoholischer Pikrinsäurelösung.
Salzsäure + Oxydationsmittel (1000 cm³ Dichte 1,12 + 1 g $KClO_3$) oder Dichte 1,12 gesättigt mit Brom	Zinn (Ätzzeit 10—30 Min.). Bromsalzsäure für Gold, Platin und deren Legierungen. Diese können auch mit Königswasser geätzt werden.
Schwefelsäure (10 cm³ Dichte 1,84+ 10 cm³ H_2O)	Messing mit β-Mischkristallen. Ätztemperatur 60-80°. Die β-Kristalle werden stark angegriffen.
Ätzmittel nach P. Oberhoffer (50 cm³ HCl Dichte 1,12 + 30 g $FeCl_3$ + 1 g $CuCl_2$ + 0,5 g $SnCl_2$ + 500 cm³ Alkohol + 500 cm³ H_2O)	Eisenkohlenstofflegierungen. Namentlich Nachweis von P und Seigerungen. Die phosphorfreien bzw. -armen Stellen des Gefüges werden angegriffen. Ätzdauer bis zu 2 Min.

in der Tabelle angegebenen Ätzzeiten sollen nur Anhaltspunkte geben. Im allgemeinen wird man die Schliffe nach verschieden langen Ätzzeiten betrachten und unter Umständen auch das Ätzmittel noch verdünnen oder verstärken, je nachdem das Gefüge besser hervortritt oder nicht.

2. Chemische Korrosionsmessungen

Die chemischen Korrosionsmessungen besitzen zum Unterschied von den im vorhergehenden Abschnitt beschriebenen rein qualitativen Beobachtungen der Korrosion mit dem Auge einen quantitativen Charakter. Der Metallverlust wird hierbei entweder direkt durch Wägung ermittelt oder indirekt durch Feststellung der gelösten Metallsalze oder der entwickelten Gasmengen gemessen. Die direkte Wägung wird vielfach als Standardmethode der Korrosionsmessung bezeichnet.

a) Messung der Korrosion durch direkte Wägung des Metalles vor und nach dem Angriff

Die durch Korrosion verlorengegangene Metallmenge hängt außer von der Korrosionsdauer von der Größe der korrodierenden Metalloberfläche ab. Man muß daher die Korrosion auf eine bestimmte Zeit und eine bestimmte Oberfläche beziehen. Die hiermit verbundenen Möglichkeiten in der Auswahl der Korrosionsmaßeinheit sind sehr groß. So kann man das Gewicht in mg, g und kg, die Oberfläche in cm^2, dm^2 oder m^2 und die Zeit in Minuten, Stunden, Tagen usw. angeben. Nimmt man noch die verschiedenen Maße der Dickenabnahme und Zeitdauer der Abtragung, ferner die in amerikanischen Arbeiten vielfach üblichen Angaben verbrauchten Sauerstoffs und auch noch die durch das englische Maßsystem (Zoll, Quadratfuß) bedingten Verschiedenheiten hinzu, so ergibt sich eine Vielheit an Korrosionsmaßen, welche einen Überblick über das Schrifttum und eine einheitliche Auswertung von Korrosionsmessungen stark erschwert.

Um diesen Mißstand zu beseitigen, wurde 1935 auf Anregung von Herrn Dr. H. Bretscheider (Dechema) vom Verfasser der Vorschlag gemacht, als einheitliche Maßeinheit für den Gewichtsverlust bei Korrosionsmessungen die Größe g/m^2

Normblatt[1]).

DK 620.19 — Deutsche Normen — Oktober 1937

Korrosion

Maßeinheit für Gewichts- und Dickenabnahme bei Metallen

DIN 4851

Maßeinheit

Unterschieden wird zwischen analytischer und konstruktiver Maßeinheit. Beide Einheiten liefern nur dann eine ausreichende Kennzeichnung für die Angriffsbeständigkeit, wenn der zeitliche Verlauf der Korrosion erfaßt wird.

A. Analytische Maßeinheit $\frac{g}{m^2\,Tag}$

1. Die analytische Maßeinheit ist der Gewichtsverlust, den ein Metall in Gramm je Quadratmeter und Tag $\left(\frac{g}{m^2\,Tag}\right)$ erleidet.
   Kurzzeichen für analytische Maßeinheit (Gewichtsverlust): $G_{korr.}$
2. Der Verlust bezieht sich auf die geometrische Oberfläche.
3. Der in $\frac{g}{m^2\,Tag}$ angegebene Gewichtsverlust setzt einen gleichmäßigen Angriff voraus.
4. Der Gewichtsverlust soll nichts aussagen über eine durch Korrosion hervorgerufene Veränderung der physikalischen, insbesondere mechanischen Eigenschaften, wie z. B. Festigkeitsabnahme[1]).

B. Konstruktive Maßeinheit $\frac{mm}{Jahr}$

1. Die konstruktive Maßeinheit ist die Dickenabnahme in $\frac{mm}{Jahr}$. Kurzzeichen für die konstruktive Maßeinheit (Dickenabnahme). $v_{korr.}$
2. Die konstruktive Maßeinheit wird von der analytischen Maßeinheit durch folgende Rechnung abgeleitet:

$$\text{Dickenabnahme } v_{korr} = \frac{g}{m^2\,Tag} \cdot \frac{365}{1000 \cdot \text{Raumgewicht}^{2)}}$$

3. Die in mm/Jahr angegebene Dickenabnahme setzt einen gleichmäßigen Angriff voraus.
4. Aus der angegebenen Dickenabnahme können keine Schlüsse auf die durch die Korrosion hervorgerufenen Veränderungen der physikalischen insbesondere mechanischen Eigenschaften, wie z. B. Festigkeitsabnahme, gezogen werden.

[1]) Für die Beurteilung der Änderung der physikalischen und insbesondere mechanischen Eigenschaften infolge Korrosion sind besondere Normen in Aussicht genommen.

[2]) Das Raumgewicht ist gleich dem spezifischen Gewicht, sofern der angegriffene Stoff frei von Einschlüssen und Hohlräumen ist.

Allgemeine Richtlinien für Korrosionsangaben

Die aus dem Gewichtsverlust oder der Dickenabnahme zu folgernden Schlüsse genügen bei der Auswertung von Korrosionsversuchen meistens nicht. Daneben sollen die wichtigsten Einflüsse, die bei dem Korrosionsversuch eine Rolle gespielt haben, mit erörtert werden. Ausführliche Angaben darüber siehe DIN 4850. Folgende Punkte sind besonders zu beachten:

1. ***Vergleichsversuche.** Jeder Korrosionsversuch soll mehrfach ausgeführt und nach Möglichkeit durch einen Vergleichsversuch mit einer Probe genau bekannter und festgelegter Eigenschaften ergänzt werden.*
2. ***Zeitlicher Verlauf.** Der zeitliche Verlauf der Korrosion muß eindeutig bestimmbar sein. Aufstellung von Korrosions-Zeitkurven (horizontale Achse = Zeitachse).*
3. ***Anzahl der Proben** ist so zu bemessen, daß für jeden Versuch ein Mittelwert festgelegt werden kann.*
4. ***Versuchsbedingungen.** Größe, Form und Anbringung der Versuchsproben, Form und Aufstellung der Gefäße, Entfernung von der Flüssigkeitsoberfläche, Menge der angreifenden Flüssigkeit.*
5. ***Angegriffener Werkstoff.** Vorgeschichte, Vorbehandlung (mechanisch, thermisch oder chemisch), chemische Zusammensetzung, Gefügeaufbau und Oberflächenbeschaffenheit, Art der Herstellung.*
6. ***Angreifendes Mittel.** Ursprung, Zusammensetzung, p_H-Wert, Sauerstoff- und Kohlensäuregehalt, Temperatur, Bewegungszustand, Ergänzung und Erneuerung des angreifenden Mittels.*
7. ***Feststellung der Versuchsergebnisse:** Veränderungen des Gewichtes, der Oberfläche (Aussehen der angegriffenen Proben, gleichmäßiger Flächenangriff oder Lochfraß), des Gefüges (interkristalline und selektive Korrosion) und der mechanischen Eigenschaften, Art, Beschaffen-*
8. *heit und Beseitigung der Korrosionsprodukte, Veränderungen des angreifenden Mittels.*

Fachnormenausschuß für Korrosionsfragen
DECHEMA, Deutsche Gesellschaft für chemisches Apparatewesen E. V.

Alleinvertrieb der Normblätter durch Beuth-Verlag GmbH Berlin SW 19

[1]) „Wiedergegeben mit Genehmigung des deutschen Normenausschuses. Maßgebend ist die jeweils neueste Ausgabe des Normblattes im Normformat A 4, das beim Beuth-Vertrieb, GmbH. Berlin SW 68, erhältlich ist.“

Tag festzulegen (Tödt 7). Auf Grund dieser Vorschläge entstand bereits 1937 das hier wiedergegebene deutsche Normblatt DIN 4851, in welchem als analytische Maßeinheit der Gewichtsänderung die vorgeschlagene Größe g/m² Tag und als konstruktive Maßeinheit die Dickenabnahme in mm pro Jahr festgelegt wurde (Tödt 8). Wie man sieht, enthält das Normblatt gleichzeitig eine kurz gefaßte Übersicht der wichtigsten bei der Korrosionsmessung zu beachtenden Umstände, die ausführlicher in dem Normblatt Din 4850 zusammengestellt sind (siehe Abschnitt I, B, 6). Über die weitere Entwicklung der Korrosionsnormung berichtete Verfasser in den letzten Jahren auf in- und ausländischen Korrosionstagungen (Tödt 9, Frankfurt am Main 1937, Paris 1938).

Eine wichtige Fehlermöglichkeit bei der Korrosionsmessung durch Wägung ist die Entstehung festhaftender Rostschichten, bei deren gewaltsamer Entfernung die Gefahr besteht, daß Teile der Metalloberfläche mit abgerissen werden. Zur Entfernung derartiger Korrosionsprodukte werden im deutschen Normblatt 4850 folgende Mittel empfohlen:

für Aluminium ············	5%ige, kalte Salpetersäure,
für Eisen und Stahl ········	kathodische Behandlung in 8%iger Natronlauge,
für Zink und Blei ··········	konz. Ammoniumacetatlösung,
für Kupfer und Messing ····	5%ige Schwefelsäure.

Zum Vergleich ist beim Ablösen der Korrosionsprodukte ein Blindversuch mit einer unkorrodierten Probe des gleichen Werkstoffes auszuführen, um die Gewähr zu haben, daß nicht das Metall selbst angegriffen wird.

Wenn bei der Korrosion die gesamte korrodierende Metallmenge als Deckschicht an der Oberfläche haften bleibt, kann anstatt der Gewichtsabnahme die Gewichtszunahme als Korrosionsmaß dienen. Dieser Fall kann z. B. bei der atmosphärischen Korrosion eintreten. Beim Blei entstehen festhaftende Schichten, zu deren Kennzeichnung vorgeschlagen wird, das Verhältnis der festhaftenden Schutzschichten zu dem gesamten Metallverlust festzustellen (Werner 1, S. 483).

b) Messung der gelösten Metallmenge

Wenn es sich um einen sehr geringen Metallangriff handelt, kann die Messung der Korrosion durch Gewichtsverlust des korrodierenden Metalls zu ungenau werden. In diesem Fall läßt sich die Meßgenauigkeit erheblich steigern, wenn man die in Lösung gegangene Metallmenge feststellt. Die so erreichte Empfindlichkeitssteigerung ist sehr groß, da man 0,01 mg Fe/Liter noch bestimmen kann und die Grenze der analytischen Wägung bereits bei etwa 0,1 mg liegt. Bezieht man nun noch die gelöste Menge auf 100 ccm, so kann man noch $^1/_{1000}$ mg gelöstes Eisen bestimmen, das ist eine 100mal so große Empfindlichkeit wie bei der Wägung des Gewichtsverlustes mit der analytischen Waage. Diese Tatsache hat der Verfasser dazu benutzt, die Korrosion des Eisens in den ersten Sekunden und Minuten zu messen, wobei sich überraschend hohe Werte (wie auf S. 17 bereits kurz erwähnt, mehrere 100 g/m² Tag) ergaben (Tödt 4, S. 405—410).

Bei diesen Messungen ist es von entscheidender Bedeutung, daß die neuste Entwicklung der photoelektrischen Meßtechnik die Möglichkeit bietet, kolorimetrisch auch die geringsten Metallspuren mit größter Einfachheit und Schnelligkeit zu messen. Es ist daher zu erwarten, daß für die technische Korrosionsmessung in Zukunft diese Methode eine große Bedeutung gewinnen wird. Für die kolorimetrische Bestimmung fast aller gelösten Metallsalze sind heute gut ausgearbeitete Methoden vorhanden. So kann man z. B. das gelöste Eisen durch Kaliumpermanganat, Salzsäure und Kaliumrhodanidzusatz in wenigen Sekunden kolorimetrisch bestimmen, ohne daß man erst durch eine langwierige Oxydation das Eisen in die Eisen-III-Form überführen muß (Einheitsverfahren).

Die Messung des gelösten Eisens in fließendem kalten und warmen Wasser, welches sich in Berührung mit eisernen Rohren oder sonstigen Eisenteilen befindet, findet zur Korrosionsmessung ausgedehnte Verwendung. Man stellt auf diese Weise z. B. fest, wie im Trink- und Gebrauchswasser sich die Zusammensetzung des Wassers (Härte, pH, agressive Kohlensäure) und die Wasserbehandlung (Belüftung, Reinigung) auf die korrodierenden Eigenschaften auswirkt. Die soeben bereits betonte überaus einfache und genaue photoelektrische Messung eröffnet gerade auf diesem

Gebiet für die praktische Kontrolle neue Möglichkeiten. So besteht keine Schwierigkeit, durch registrierende Stromanzeige eine automatische und laufende Überwachung von Metallsalzgehalten und damit auch der Korrosion auszuführen (Tödt 10).

c) Messung der entwickelten oder verbrauchten Gasmenge

Die Messung des bei der Metallauflösung entwickelten Wasserstoffs ist jedenfalls als die älteste quantitative Korrosionsmessung anzusehen. Vor allem die Auflösung des Zinks in Säuren (S. 15) ist seit über 100 Jahren immer wieder gemessen worden und bildet eine Grundlage der elektrochemischen Auffassung der Korrosion (Masing 1). Die entwickelte Wasserstoffmenge wird nach dem Eudiometerprinzip in einem Gefäß aufgefangen, welches meist eine Skala in cm^3 besitzt und so eine direkte Ablesung ermöglicht. Obwohl diese Methode für die wissenschaftliche Erfassung der Korrosion wichtig und grundlegend gewesen ist, spielt sie für die technische Korrosionsmessung nur eine untergeordnete Rolle, weil die Korrosion unedler Metalle in Säure für die Praxis keine große Bedeutung besitzt.

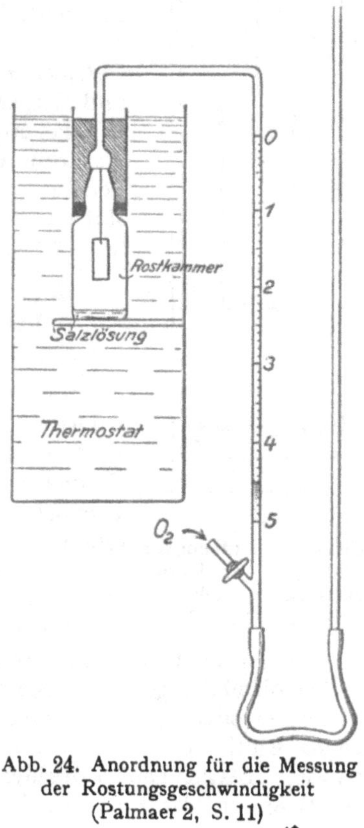

Abb. 24. Anordnung für die Messung der Rostungsgeschwindigkeit (Palmaer 2, S. 11)

Geräte zur Messung des verbrauchten Sauerstoffs beschreiben englische Forscher (E. S. 671—672). Eine auf dieser Grundlage von Palmaer entwickelte Apparatur zeigt die Abb. 24 (Palmaer 2, S. 11). Als korrodierende Lösungen dienten destilliertes Wasser, eine 0,5 normale im Gehalt dem Meerwasser entsprechende Kochsalzlösung sowie eine 5,5 normale Chlorcalciumlösung von maximaler elektrischer Leitfähigkeit. Im Vergleich mit reinem Wasser wird die Rostungsgeschwindigkeit durch die Kochsalzlösung auf das zehnfache und durch die Chlorcalciumlösung auf das 60fache beschleunigt. Eine gegenüber der Abb. 24 vereinfachte Methode ist in der Abb. 25 dargestellt (Palmaer 2, S. 15). Die Probestücke werden mit 5,5 normaler (maximalleitender) Chlorcalciumlösung befeuchtet, in einem Glas über einigen cm³ derselben Chlorcalciumlösung an einem mit Luftlöchern versehenen Stopfen aufgehängt und sich selbst überlassen. Man beobachtet, wie das Rosten von Tag zu Tag fortschreitet und kann schon nach verhältnismäßig kurzer Zeit bei an sich sehr langsam rostenden Werkstoffen brauchbare Ergebnisse erhalten (Goldowski 2).

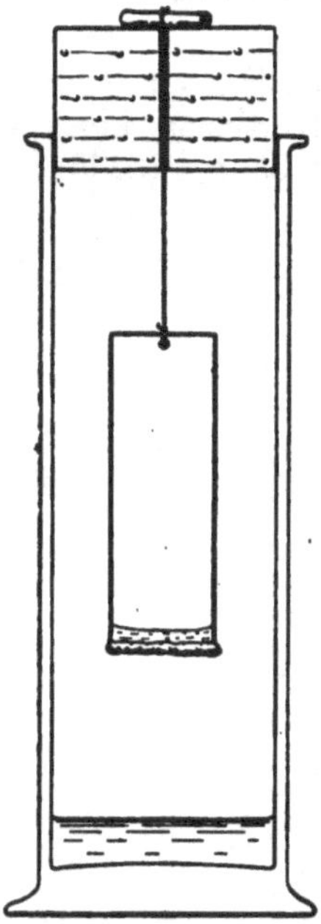

Abb. 25. Einfache Anordnung für den Vergleich von Korrosionsgeschwindigkeiten (Palmaer 2, S. 15)

3. Mechanische Korrosionsprüfungen, bei denen eine mechanische Einwirkung nach erfolgter Korrosion vorgenommen wird

Die mechanischen Korrosionsprüfungen sind eine unentbehrliche Ergänzung der chemischen Korrosionsmessung. Bei jeder Korrosion, die nicht gleichmäßig über die Oberfläche verteilt ist, wie beim Lochfraß und der interkristallinen Korrosion, muß die chemische Prüfung versagen, da es nicht auf die Menge des korrodierten Metalls ankommt. Es können bei der auf enge Bezirke beschränkten Korrosion schon verhältnismäßig geringe Angriffe das Metall infolge von Durchlöcherung oder von Lockerung des Gefüges unbrauchbar machen. Diese Einflüsse kann man nur durch mechanische Prüfungen messen. Hierher gehört die Messung der Zug- und Druckfestigkeit, der Dehnung, der Härte sowie der Kerbschlagfestigkeit und der

Biegefestigkeit. Man kann durch eine Kennziffer den gleichmäßigen und ungleichmäßigen Angriff miteinander in Beziehung bringen, indem man den prozentischen Festigkeitsverlust durch den prozentischen Gewichtsverlust dividiert. Wenn die korrodierte Schicht gleichförmig ist, ist diese Kennziffer gleich 1, in Fällen lokalisierter Korrosion kann sie 40 oder noch größer sein (E. S. 152).

a) Die Messung der Festigkeit und der Dehnung

Auf den zu prüfenden Körper werden bei der Dehnung Kräfte ausgeübt, welche die Gitterpunkte von einander zu entfernen suchen. Infolge der bei Metallen besonders großen Gitterkräfte sind die Dehnungswerte zunächst sehr klein. Die Ausdehnung des Körpers wächst proportional der angewandten Kraft, solange man sich im Gebiet der elastischen Verformung befindet. Dieses Gebiet ist dadurch gekennzeichnet, daß nach Aufhören der Zugkraft der Körper wieder in seine Anfangslage zurückkehrt, er ist also elastisch. Erhöht man nun den Zug immer weiter, so gelingt es schließlich, die Gitterkräfte, welche den Zusammenhalt des festen Aggregatzustandes bewirken, zu überwinden. Es treten dann Erscheinungen ein, die in der Abb. 26 schematisch dargestellt sind.

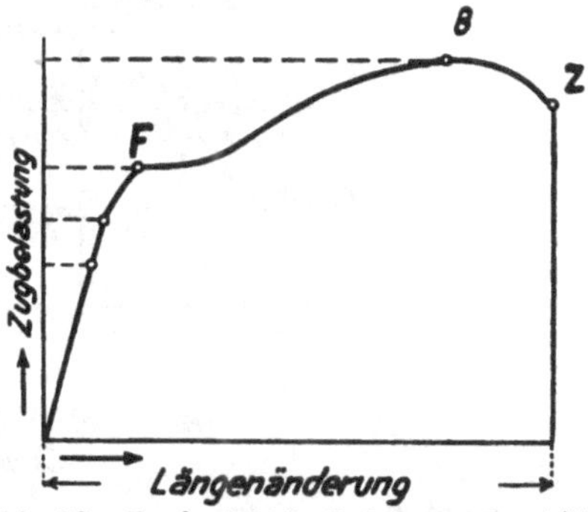

Abb. 26. Zugfestigkeits-Dehnungsschaubild (schematisch). (R. S. 124)

Auf der Ordinate ist hierbei die Zugbelastung und auf der Abszisse die Dehnung, d. h. die Verlängerung in Richtung der wirkenden Kraft, aufgetragen. Man sieht, wie zunächst eine mit steigender Zugbelastung gleichmäßig ansteigende Verlängerung eintritt. Bei noch stärkerer Beanspruchung bis zur Überwindung der Gitterkräfte dehnt sich C-armer Stahl zunächst ohne weitere Belastung und später durch geringe Belastung sehr stark aus. Die Fließgrenze (Punkt F in Abb. 26) oder Streckgrenze ist jetzt erreicht. Man gelangt dann zu dem Punkt B, bei welchem sich der Prüfkörper einschnürt, um dann bei Z ganz zu zerreißen (R. S. 124). Als Maß für die Zugspannung dient nun entweder die bis zur Fließgrenze, bzw. zur Einschnürung oder auch zum Zerreißen aufzuwendende Kraft in kg/mm², die sogenannte Zugfestigkeit. Der Zusammenhang zwischen Spannung und Dehnung bei verschiedenen Metallen ist in der Abb. 27 enthalten.

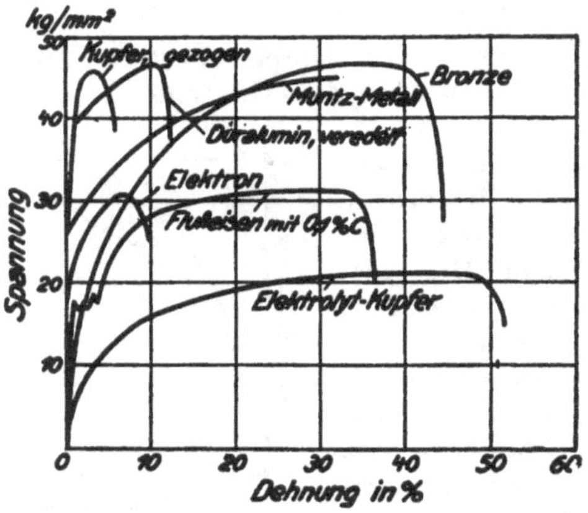

Abb. 27. Zugfestigkeits-Dehnungsschaubild verschiedener Metalle (R. S. 127)

Die Proportionalität von Zug p und Längsdehnung L ergibt als Proportionalitätsfaktor den sogenannten Elastizitätsmodul E nach der Gleichung $p = E\,L$ oder $\frac{p}{L} = E$. Hierbei ist, die Dehnung oder Verlängerung L definiert als $\frac{\text{Verlängerung}}{\text{ursprüngliche Länge}}$. Der Elastizitätsmodul ist also diejenige Kraft, die nötig wäre, um den Stoff auf das Doppelte seiner Länge durch Zug auszudehnen. Denn wenn $p = E$ ist, muß L gleich eins sein. Die folgende Tabelle 9 enthält den Elastizitätsmodul sowie die Zugfestigkeit der wichtigsten Metalle und zum Vergleich die entsprechenden Angaben einiger anderer Werkstoffe.

Tabelle 9 (Lenard, S. 145)

Elastizitätsmodul E; Verhältnis der Querkontraktion zur Längsdilatation μ

	E	μ	Zugfestigkeit
Iridium	52500		
Stahl	21000	0,26	70
Eisen	19000	0,23	60
Kupfer	12000	0,33	40
Messing	9000	0,25	60
Zink	9000	0,33	13
Glas	6500	0,3	5
Holz, Hanfseil	900		4
Kautschuk	0,1	0,3	0,1
	kg auf 1 mm²		kg auf 1 mm²

Auffällige Erscheinungen bei der Fließgrenze sind die Fließfiguren, d. h. Linien, welche in einem bestimmten Winkel (meist 45 bis 60°) zur Zugrichtung verlaufen (R. S. 125). Eine besonders scharfe Ätzmethode zur Erkennung derartiger Linien beim Stahl stammt von Fry (Fry 3). Das Metall wird hierbei auf 200° erhitzt, abgeschliffen, poliert und mit einer Lösung geätzt, welche 40 cm³ konzentrierte Salzsäure, 30 cm³ Wasser, 25 cm³ Alkohol und 5 g kristallisiertes Kupferchlorid enthält. Mit dieser Methode können die Fließfiguren auch dann noch sichtbar gemacht werden, wenn die Metalloberfläche abgeschliffen oder sonstwie beseitigt ist. Solche Ätzfiguren nach Fry auf Stahl zeigt die Abb. 28.

Von Bedeutung für die Ausführung des Zugversuchs ist die Form, in der das Metall dem Zerreißversuch unterworfen wird. Man hat daher durch das deutsche Normblatt DIN 1605 die genauen Abmessungen für die Probestäbe sowie außerdem für die Bestimmung der Bruchdehnung ein besonderes Meßverfahren vorgeschrieben, bei welchem die für das Meßergebnis wichtige Lage der Bruchstelle berücksichtigt wird.

Es ist möglich, aus den Festigkeits- und Dehnungsergebnissen eines an Blech oder Draht vorgenommenen Korrosionsversuchs die entsprechenden Werte für dünnere und dickere Bleche aus dem gleichen Werkstoff auf einfache Art zu berechnen, wie Zurbrügg zeigen konnte (Zurbrügg). Dabei ist natürlich vorausgesetzt, daß der Werkstoff einheitlich zusammengesetzt ist. Walzplattierte Bleche z. B. sind nicht einheitlich, so daß hier die Übertragung auf eine andere Dicke nicht möglich ist.

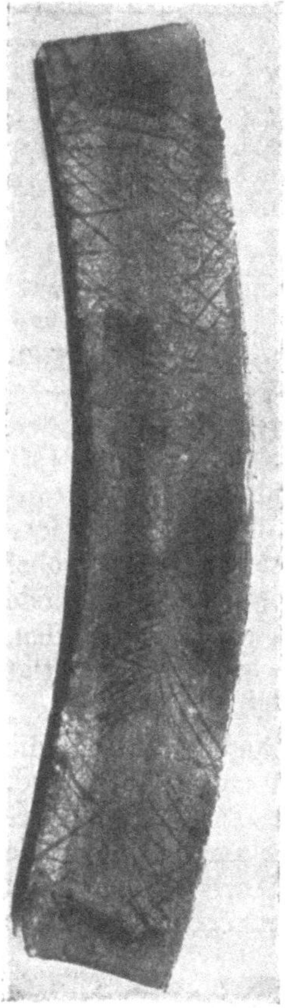

Abb. 28. Ätzfiguren auf Stahl (nach A. Fry). (R. S. 126)

b) Messung der Druckfestigkeit (R. S. 129)

Der Druckversuch wird besonders bei spröden Metallen benutzt und unterscheidet sich vom Zugversuch durch die entgegengesetzte Richtung der angreifenden Kraft. Der Prüfkörper wird zusammengedrückt, wobei die sogenannte Quetschgrenze durch eine bleibende Zusammendrückung von 0,2% entsprechend der Dehnung beim Zugversuch gekennzeichnet ist. Anstatt der beim Zugversuch auftretenden Einschnürung tritt eine Ausbauchung auf.

c) Messung der Widerstandsfähigkeit gegen stoßweise Beanspruchung (Schlag- oder Stoßfestigkeit, Kerbschlagbiegeprobe)

Im Gegensatz zu der Messung der Zug- und Druckfestigkeit, bei der das Metall eine allmählich eintretende Veränderung erleidet, handelt es sich bei der stoßweisen Beanspruchung um eine sehr schnell im Bruchteil einer Sekunde stattfindende Zerstörung, welche infolgedessen viel gefährlicher ist. Zug- und Druckfestigkeit werden statisch gemessen, die Stoßfestigkeit dagegen dynamisch. Ein dritter Unterschied besteht noch in der Maßeinheit, welche bei den statischen Methoden die Kraft in kg/mm² angibt. Bei Stoß dagegen wird die Einwirkung durch die geleistete Arbeit in mkg/cm² Fläche gemessen.

Die Prüfung auf Stoßfestigkeit wird in der Weise vorgenommen, daß man Stoßkörper von bekanntem Gewicht aus einer gewissen Höhe auf das zu prüfende Metall fallen läßt. Man muß dabei diejenigen Versuchsbedingungen ermitteln, unter denen der Bruch gerade eben eintritt. Die zur Entstehung des Bruches gerade ausreichende Energie ist dann das Produkt aus dem Gewicht und der Fallhöhe des Stoßkörpers.

Bei besonders zähen Körpern wendet man die sogenannte Kerbschlagbiegeprobe an. Durch eine vorher angebrachte Einkerbung wird der Bruch erleichtert. Die Durchführung geschieht z. B. mit einem sogenannten Pendelhammer. Ähnlich wie bei der Stoßfestigkeit ergibt sich die zum Bruch nötige Energie aus dem Gewicht des Pendelhammers, seiner Fallhöhe und der Steighöhe, welche der Hammer erreicht, nachdem das Prüfmaterial durchschlagen wurde.

Abgesehen von einigen austenitischen Stählen sollen Werkstoffe mit niedrigeren Kerbschlagwerten eine stärkere Korrosion zeigen (Gmelin, K 266). Die Kerbschlagbiegeprobe (eine der am meisten umstrittenen Methoden der Materialprüfung) kann zur Erkennung einer schlechten Behandlung von Stahl geeignet sein (Gmelin, K 267).

d) Härteprüfung

Man unterscheidet bei der Härte die Eindringungsverfahren und die Ritzverfahren. Zu den Eindringungsverfahren gehört die im Normblatt DIN 1605 (in welchem ebenfalls die erwähnte Abmessung der Probestäbe beim Zugversuch enthalten ist) einheitlich vorgeschriebene Brinellsche Kugelprobe. Bei dieser Probe wird eine gehärtete Stahlkugel durch einen meßbaren, stoßfrei wirkenden Druck in die Oberfläche des zu prüfenden Materials eingetrieben und der größte Durchmesser des Eindruckes gemessen. Dividiert man alsdann die angewandte Druckkraft in Kilogramm durch die Fläche in Quadratmillimetern der gebildeten sphärischen Vertiefung, so erhält man die „Brinellhärte".

Während die Brinellprobe mit einer hohen Belastung (1000 bzw. 3000 g) ausgeführt wird und daher den Werkstoff mehr als Ganzes erfaßt, sind bei der Prüfung von Oberflächenschichten und dünnen Überzügen andere Verfahren (Rockwell- u. Vickershärte) sowie besondere Mikrohärteprüfer gebräuchlich.

Das Ritzverfahren kann so ausgeführt werden, daß man den Prüfkörper mit mehreren Substanzen von bekannter Härte ritzt (Voß'sche Härteskale). Diese Methode hat mehr einen qualitativen Charakter. Ein mehr quantitatives Verfahren besteht darin, daß man den Druck mißt, der für einen Riß von bestimmter Breite erforderlich ist. Nach Ehrenberg läßt sich die Ritzhärte ebenso wie die Druckhärte in kg/mm² ausdrücken, wenn man die Belastung auf die Gleitfläche bezieht (Ehrenberg 1, 1941).

Der Zusammenhang zwischen Härte und Korrosion ist dadurch gegeben, daß die zur Härtung dienenden Maßnahmen die Korrosion stark beeinflussen können. Die Härtung geschieht beispielsweise durch plötzliches Abschrecken erhitzter Metalloberflächen, wobei das Gefüge sich ändert. Dadurch kann aber sowohl die mechanische Eigenschaft als auch das Korrosionsverhalten in ungünstigem Sinne beeinflußt werden. Man beseitigt deswegen das Härtungsgefüge durch Anlassen und erhält so z. B. einen Stahl mit günstigeren mechanischen Eigenschaften (R. S. 198 u. 205). Daß auch die Korrosion im hohen Maße von der Wärmebehandlung abhängig sein kann, zeigt das Messing, wenn es keine sorgfältige Wärmebehandlung erfahren hat. Es entstehen dann Risse, die durch einen an sich harmlosen chemischen Angriff ausgelöst werden. Eine thermische Nachbehandlung (halbstündiges Glühen bei 280—300°) schafft Abhilfe.

4. Korrosionsprüfung bei gleichzeitiger mechanischer und chemischer Beanspruchung

Ebenso wie eine Korngrenzen- oder interkristalline Korrosion zu einer bemerkenswert starken Verschlechterung der mechanischen Eigenschaften Anlaß gibt, kann andererseits eine zunächst rein mechanische Störung zu einer Korngrenzenkorrosion Anlaß geben. Aus diesem Grund ist ja auch eine teilweise Einbeziehung der rein mechanischen Materialprüfung unentbehrlich, wenn man sich mit der Korrosionsmessung befaßt, obwohl die Korrosionsmessung sich mit chemischen Vorgängen beschäftigt. Ebenso wie die interkristalline Korrosion ist die unter mechanischer Beanspruchung verlaufende Korrosion besonders gefährlich.

a) Messung der Korrosionsermüdung

Wenn ein Metall einer dauernden Beanspruchung unterworfen ist, geht es des öfteren auch dann plötzlich zu Bruch, wenn die einwirkenden Kräfte hierzu an sich nicht ausreichen. Wahrscheinlich tritt allmählich eine Lockerung des Zusammenhaltes ein, und es entstehen feine Risse, die schließlich zum Bruch führen. Besonders unterstützt und verstärkt werden solche Zerstörungen durch eine gleichzeitige Korrosion. Wir haben es dann mit der Korrosionsermüdung zu tun, welche man auch als Korrosionswechselfestigkeit bezeichnet. Die mechanische Beanspruchung kann eine sehr verschiedene sein, so kann das Metall auf Zug, Druck, Schwingung, Biegung usw. beansprucht sein.

Die Bestimmung der Korrosionsermüdung kann so vorgenommen werden, daß man feststellt, bei welcher Beanspruchung ein Bruch gerade nicht mehr eintritt. Bei derartigen Versuchen stellte sich heraus, daß polierte Proben sich besser verhielten als gekerbte und gekerbte wiederum besser als solche, die in Leitungswasser korrodiert waren (B. I. S. 377). Bei einem vergüteten Chromnickelstahl wurde die Wechselfestigkeit von 48 kg/mm² während der Vorkorrosion auf 32 kg/mm² herabgesetzt. Wenn bei diesem Material die Korrosionswechselfestigkeit bei gleichzeitiger Korrosion und mechanischer Beanspruchung ermittelt wurde, ergab sich ein Wert von 13 kg/mm² (B. I. S. 380).

b) Messung der interkristallinen Korrosion (Laugensprödigkeit)

Im Hochdruckkessel können in der Kesselwand Risse und schließlich Zerstörungen größeren Umfanges entstehen. Mehrere Meßmethoden dieser als Laugensprödigkeit bezeichneten Korrosion, die interkristallin verläuft, sind in der Abb. 29 dargestellt.

Die Bügel- sowie die Hebelprobe wurde von Fry entwickelt (Fry 1, S. 510). Während die Bügelprobe zur Verfolgung ausheilbarer Spannungen dient (da bei einer Querschnittsverringerung durch Korrosion die Spannungen verringert werden), prüft die Hebelmethode nicht ausheilbare Spannungen. Fry betont ausdrücklich, daß es sich bei der Bügel- und Hebelprobe um Prüfmethoden der interkristallinen Korrosion von weichem Stahl handelt, und daß die Bezeichnung Laugensprödigkeit falsch sei*(Fry 1, S. 510). Nach Feststellungen von Athavale und Eilender, die mit der Bügelprobe ausgeführt wurden, spielen die Ab-

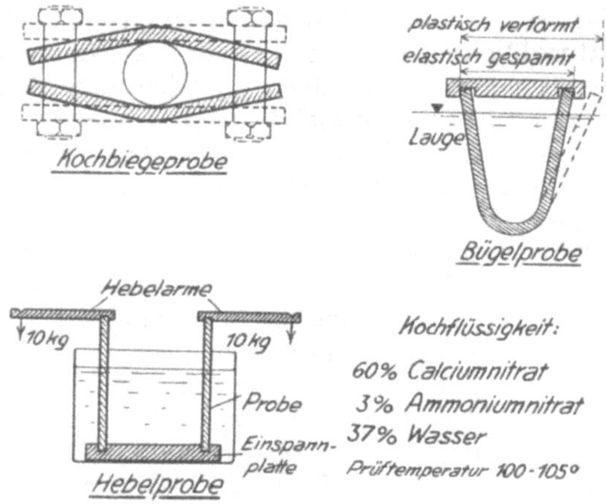

Abb. 29. Prüfung auf interkristalline Korrosion (kaustische Sprödigkeit). (Werner S. 484)

messungen der Proben und die Oberflächenbeschaffenheit keine Rolle (Athavale 1940, S. 129). In reiner Natronlauge tritt bei diesen Versuchen bis zu 150° und 3 Monaten Einwirkungsdauer keine Versprödung auf, wohl aber, wenn geringe Mengen von Kaliumpermanganat, Natriumnitrat oder Natriumchromat zur Lauge hinzugesetzt wurden (Athavale 1940, S. 129). Zur laboratoriumsmäßigen Nachahmung der im Kessel vorhandenen Drucke und Temperaturen sowie der gleichzeitigen mechanischen und chemischen Beanspruchung hat man einen Autoklaven benutzt, wobei das auf Korrosion zu prüfende Metall mit einer Feder einer mechanischen Beanspruchung ausgesetzt wurde (B. I. S. 395).

5. Elektrische Korrosionsprüfungen

a) Potentialmessungen

Nach der Tabelle 1, Seite 13 ist das elektrische Auflösungsbestreben, die sogenannten Lösungstension der Metalle, gekennzeichnet durch das Potential. Diese Tatsache gehört zu den wichtigsten Grundlagen der Elektrochemie der Metalle und ist der Ausgangspunkt für die elektrochemische Deutung der Metallkorrosion, die bereits vor über 100 Jahren von de la Rive gegeben und später durch die grundlegenden Forschungen von Palmaer und Erikson-Auren auf ein breites und sicheres Fundament gestellt wurde (Palmaer 1). An weiteren Arbeiten über dieses experimentell sehr eingehend bearbeitete Gebiet seien noch die Untersuchungen von Thiel (Thiel 2), sowie von Heyn und Bauer erwähnt (Heyn). Das allen diesen Forschungen zugrundeliegende Gesetz ist das Ohmsche Gesetz $E = I \cdot R$ (E = Spannung, I Stromstärke und R Widerstand des galvanischen Elementes).

Die Anwendung des Ohmschen Gesetzes auf die zahlreichen bei der Korrosion zu beachtenden Umstände und insbesondere auf die Feinheiten des Korrosionsvorganges wurde von W. J. Müller vorgenommen, dessen Bedeckungstheorie der Passivität (Flächen und Tiefenbedeckungsgesetz) vor allem in den Aufbau der aus gesättigten Lösungen auskristallisierenden Salzschichten wichtige Einblicke liefert (Müller, W. J. 1). So wurde von Müller der zeitliche Verlauf der Passivierung, welche mit einem Korrosionsschutz gleichbedeutend ist, ermittelt. Von den neueren wichtigen Forschungen auf diesem Gebiet sind die Untersuchungen von Evans und Mitarbeitern wichtig (E. S. 228), durch welche die quantitativen Zusammenhänge zwischen Metallpotential, Stromstärke und Korrosion gefunden wurden und die Korrosion aus rein elektrischen Daten errechnet werden konnte (E. S. 229).

Es ist nach diesen Darlegungen begreiflich, daß man die Potentialmessung als Korrosionsprüfmethode oft anzuwenden versucht hat. Wenn hier der praktische Erfolg nicht den Bemühungen entsprochen hat, so liegt das in erster Linie daran, das die Potentialmessung trotz ihrer großen Bedeutung für die rein wissenschaftliche Korrosionsforschung dem praktischen Korrosionsfall nur schwer angepaßt werden kann. Man muß hierbei bedenken, daß das Potential die Metalloberfläche im Gleichgewichtszustand mißt, während der Korrosionsvorgang gerade in einer Abweichung vom Gleichgewichtszustand besteht.

Eine zeitlich sich ausbildende Potentialveredlung zeigt die Entstehung einer edlen und schützenden Deckschicht an. Durch Potentialmessungen wurde auf diese Weise festgestellt, daß jeder Stahl sich allmählich seine Deckschicht erarbeitet (Maurer 1). In Borat- und Phosphatpufferlösungen werden die Eisenpotentiale bei pH 3—4 plötzlich um 700 mV edler, während gleichzeitig eine korrosionsschützende Passivierung eintritt (Shipley). In anderen Pufferlösungen, in denen das Eisen weiterkorrodiert, bleibt das Potential unedel. Der Potentialverlauf von Eisenoberflächen, die durch Dichromat passiviert und durch Chlorid oder Salzsäure wieder aktiviert, also korrodiert werden, liefert ein Maß für die schützende Wirkung des durch das Chromsalz gebildeten Schutzfilmes (E. S. 680). Wenn man nichtrostenden V2A-Stahl der sogenannten Kochprobe unterwirft (Kochen mit einer Lösung, die auf 100 Wasser 15 Gewichtsteile konzentrierter Schwefelsäure und 10 Gewichtsteile kristallisiertes Kupfersulfat enthält), so kann man eine interkristalline Korrosion beschleunigt hervorrufen und neben anderen Methoden auch durch Potentialmessung nachweisen (B. I. S. 458). Andererseits kann, wie die folgenden Tabellen 10 und 11 erkennen lassen, die Korrosion trotz einer Metallveredlung erheblich größer werden (Tödt 4, S. 417). So kann nach Tabelle 11 die Korrosion um das Zehnfache zunehmen, obwohl das Potential 50—200 Millivolt edler ist. Als Gegenelektrode diente die gesättigte Kalomelektrode, so daß höheren Millivoltzahlen unedlere Werte entsprechen.

Der zeitliche Verlauf der Löslichkeit von Metallen in verschiedenen Säuren wird ebenfalls nur unvollkommen durch das Potential angezeigt (Guitton, S. 131). Eingehende Messungen des Zeit-Potentialverlaufs einer Reihe von Chromnickel- und Chrommanganstählen im abgeschreckten sowie im angelassenen Zustand ergeben nur eine grobe Abhängigkeit zwischen Potential und Angriffsfestigkeit. Eine interkristalline Korrosion machte sich weder im Einzelpotential noch in der Zeit-Potentialkurve bemerkbar. Es wird der Schluß gezogen, daß die Beurteilung eines rostfreien,

Tabelle 10 (Tödt 4, S. 417).

Potentialmessungen von Eisenelektroden in Millivolt, gemessen in einer Acetatpufferlösung vom pH-Wert 4,6 mit 1% KCl während des Einleitens von Wasserstoff, Sauerstoff und Luft

Zeit	1 Sek.	1 Min.	2 Min.	3 Min.	5 Min.	10Min.	20Min.	30Min.
Wasserstoff eingeleitet	530	560	566	567	569	571	569	570
Sauerstoff eingeleitet	585	594	595	595	595	595	595	595
Luft eingeleitet.	540	556	564	564	564	572	580	587

Die Korrosion des Eisens betrug 30 Min. nach dem Einleiten

von Wasserstoff .... 14,4 g/m² Tag
,, Sauerstoff .... 0,0 ,,
,, Luft .... 300,0 ,,

Tabelle 11

Potentialmessungen von Eisenelektroden in Millivolt, gemessen in n/10 Salzsäure

Zeit	1 Sek.	1 Min.	2 Min.	3 Min.	5 Min.	10Min.	20Min.	30Min.
Wasserstoff eingeleitet	595	488	488	494	494	489	487	487
Luft eingeleitet	398,5	398,5	398,5	—	—	429	429	429

Die Korrosion des Eisens betrug 30 Min. nach dem Einleiten

von Wasserstoff .... 18,0 g/m² Tag
von Luft .... 180 ,,

bzw. korrosionsbeständigen Stahls auf Grund seines elektrochemischen Verhaltens nicht möglich ist (Maurer 2).

Bei einer von Brennert mit Erfolg für die Beurteilung nichtrostender Stähle benutzten, in der Abb. 30 dargestellten Anordnung wird nicht das Potential, sondern das Potential in Abhängigkeit von der Stromstärke zu Grunde gelegt. Dabei wird die zu messende Probe in einem Nivelliergestell als Zwischenelektrode geschaltet. Elektrochemische Korrosionsprüfmethoden aus dem Bundesinstitut für Flugzeugwerkstoffe sowie aus dem zentralen Aerodynamischen Institut in Moskau beschreibt Krönig (Krönig).

Nach eingehenden Untersuchungen von Rocha (Krupp, Essen) kann man auf Grund von Stromdichtepotentialmessungen von säurebeständigen Stählen 3 Potentialbereiche unterscheiden, von denen der mittlere Bereich einen Korrosionsschutz kennzeichnet und durch definierte Grenzpotentiale begrenzt ist (Rocha). Im Gegensatz zur Potentialmessung, welche für die Beurteilung

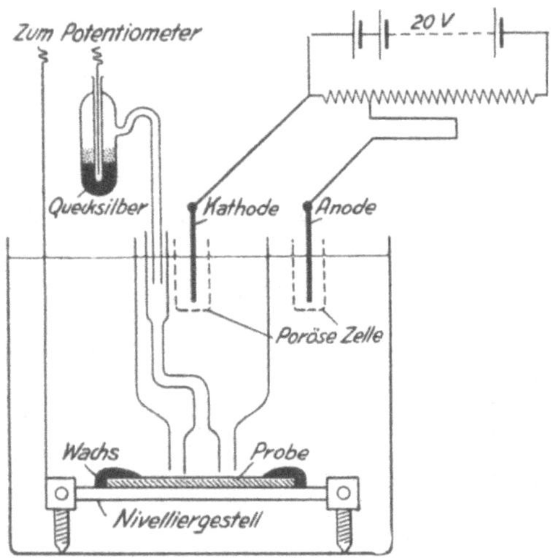

Abb. 30. Anordnung zur Bestimmung des Zusammenbruchpotentials für Filme auf nichtrostendem Stahl und anderen Legierungen (nach Brennert) (E. S. 681)

der Korrosion in den meisten Fällen nicht ausreicht, ist also die Stromdichtepotentialmessung in den erwähnten Fällen hierzu geeignet.

b) Strommessungen

Eine Nachahmung der die Korrosion verursachenden Lokalelemente durch ein aus zwei verschieden edlen Metallen bestehendes galvanisches Element gelingt nach Versuchen des Verfassers in sehr einfacher Weise, wenn man beispielsweise eine beliebige Eisen- und eine Platinelektrode in die korrodierende Flüssigkeit taucht und durch einen Galvanometer die zwischen beiden Metallen fließende Stromstärke abliest (Tödt 11).

In ruhenden wäßrigen Lösungen, in denen die Sauerstoffkorrosion der maßgebende Faktor ist und die gesamte an der Oberfläche diffundierende Sauerstoffmenge korrodierend wirken kann, ist die Stromstärke ein quantitatives Maß der Korrosion. Sie beträgt pro cm^2 korrodierender Oberfläche etwa 1×10^{-5} Ampere, entsprechend einen Korrosionsangriff von ungefähr 2 g/m^2 Tag beim Eisen oder 0,07 Grammäquivalent Gewichtsverlust pro m^2 und Tag bei einem beliebigen Metall (S. 22).

Es wurde durch eigene Versuche gefunden, daß die Stromstärke durch die an die Platinfläche gelangende Sauerstoffmenge bestimmt wird und damit von der Größe der Platinoberfläche abhängt, dagegen weitgehend unabhängig ist von der Größe der Anodenfläche, der Entfernung der Elektroden, dem inneren Widerstand und von dem aus der Spannungsreihe der Metalle (Tabelle 1) sich ergebenden Potentialunterschied der beiden Metalle. Wesentlich ist nun der weitere Befund, daß die aus dem Gewichtsverlust sich ergebende Korrosion einer isoliert eintauchenden Eisenfläche von bestimmter Größe mit derjenigen Stromstärke übereinstimmt, die eine gleich große Platinfläche unter den gleichen Diffusionsbedingungen für den gelösten Luftsauerstoff liefert. (Tödt 11). Die Umrechnung von Stromstärke in Gewichtsverlust erfolgt hierbei nach dem Faradayschen Gesetz, also 96 540 Amperesekunden gleich 1 g-Äquivalent (beim Eisen 28 g).

Aus diesen Versuchen wurde der Schluß gezogen, daß die an die edlere Metallfläche diffundierende Sauerstoffmenge die primär entladenen Wasserstoffionen oxydiert bzw. depolarisiert und daß dieser Vorgang die Stärke der Korrosion an der unedleren Fläche bestimmt. Es wird also angenommen, daß das korrodierende Eisen praktisch fast ganz mit einer edlen, als Kathode wirkenden Oxydhaut bedeckt ist (Tödt 11). Das korrodierende Metall muß, wenn diese Überlegungen richtig sind, in Verbindung mit einer gleich großen edleren Metallfläche eine doppelt so starke Korrosion zeigen, als wenn es allein korrodiert. Denn zu der eigenen kathodischen Sauerstoffkorrosion addiert sich eine ebenso große durch das edlere Metall. Durch Versuche von Carius erfuhr diese Annahme beim galvanischen Element Eisen-Platin eine weitere Bestätigung (R. S. 182). Neuere Untersuchungen von Brennert führten ebenfalls zu dem Ergebnis, daß die Kathodenfläche der Lokalelemente beim Rosten des Eisens wahrscheinlich aus einer nichtmetallischen Haut aus Eisenoxyd oder Eisenhydroxyd besteht (Brennert).

Die mit der Korrosion identische anodische Auflösung und damit die nicht mit edlem Oxyd bedeckte freiliegende Metalloberfläche bleibt nach der hier vertretenen Auffassung auf Undichtigkeiten oder Poren in der Oxydhaut beschränkt. Durch die galvanische Verbindung mit dem edleren Metall wird gewissermaßen das Korrosionslokalelement in seinen anodischen und kathodischen Teil zerlegt und gleichzeitig durch ein Makroelement naturgetreu nachgeahmt.

Die Frage, wie weit diese Ergebnisse verallgemeinert werden können, ist nach Evans für die Korrosionstheorie außergewöhnlich wichtig (E. S. 535). In einer umfassenden elektrochemischen Betrachtung der Theorie der Korrosion betont ebenfalls Masing, daß die hier erörterten Stromversuche für die Erkenntnis der Korrosion außerordentlich lehrreich sind (Masing 1, S. 52).

Korrosionsmessungen von Evans an Eisen in Verbindung mit Blei, Nickel und Kupfer als Kathoden ergaben nur für Nickel die von der Theorie geforderte Übereinstimmung, während die Werte für Blei zu niedrig und für Kupfer zu hoch gefunden werden (E. S. 536). Beim Blei könnten die niedrigen Werte durch Deckschichten verursacht sein, während beim Kupfer eine Auflösung und Wiederabscheidung am Eisen möglich ist, was zu einer starken Korrosionserhöhung führt (Haase 1, 1940). Eine Grundvoraussetzung für die Gültigkeit dieser einfachen Zusammenhänge besteht darin, daß der gesamte an die edlere Elektrode gelangende Sauerstoff entladene Wasserstoffionen vorfinden muß, die er oxydieren kann (private Mitteilung von Evans).

Der Kernpunkt der elektrischen Korrosionsstrommessung ist darin zu erblicken, daß es sich um eine vom Ohmschen Gesetz in weiten Grenzen unabhängige Reststrommessung handelt. Die hierdurch bedingte weitgehende Ausschaltung des Einflusses von Potential und elektrischem Widerstand ergibt einerseits eine grundsätzliche Vereinfachung der elektrochemischen Korrosionstheorie (mathematische Ableitungen können für die klare Erkenntnis der Grundtatsachen entbehrt werden, siehe Vorwort). Andererseits eröffnet diese vereinfachte Betrachtungsweise für die Meßtechnik neue Möglichkeiten, von denen die vom Verfasser vorgeschlagenen elektrische Sauerstoffmessung sich für die automatische Kontrolle sehr geringer Sauerstoffmengen im Hochdruckkessel als brauchbar erwiesen hat (Splittgerber 1). Nach den neusten Versuchen des Verfassers scheint diese Methode ebenfalls zur qualitativen Feststellung des Sauerstoffgehaltes in Flüssen, Seen usw. anwendbar zu sein (Kolkwitz 1940). Ein einfaches noch in der Entwicklung befindliches Gerät für diesen Zweck zeigt die Abb. 31.

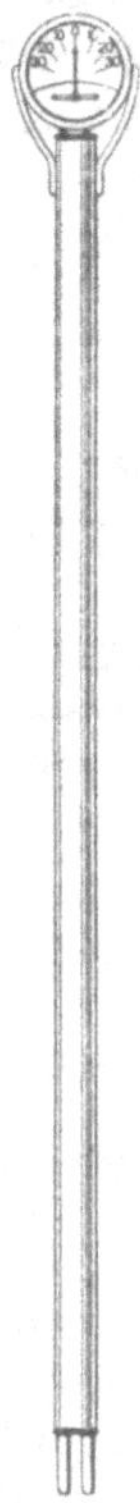

Abb. 31. Apparat nach Tödt zur sofortigen Ablesung des im Wasser gelösten Sauerstoffs (Kolkwitz, S. 20)

Die Einfachheit und Bequemlichkeit der Korrosionsstrommessung hat im In- und Ausland zu zahlreichen Versuchen geführt, auf dieser Grundlage Korrosionskurzprüfungen vorzunehmen. Die zu diesem Zweck benutzten Anordnungen (Korrosimeter bzw. Oxydimeter nach Tödt) beschreibt Gollnow (Gollnow). Es sollen im Folgenden kurz die Bedingungen erörtert werden, unter denen die Methode mit Erfolg angewandt wurde und was ebenso wichtig ist, unter denen sie nicht anwendbar ist.

Es ergibt sich zunächst, daß die Korrosion des Eisens, welches in eine wässrige Lösung taucht, durch eine Strommessung Eisen-Platin festgestellt werden kann. Im ersten Augenblick ist sowohl die Korrosion als auch die Stromstärke sehr groß, um dann mit der allmählichen Einstellung des Diffusionsgleichgewichtes des Sauerstoffs einem gleichbleibenden Endwert zustreben (Tödt 11, S. 587—588, Tödt 4, S. 405—410). Die Entfernung von der Flüssigkeitsoberfläche, die Flüssigkeitsbewegung sowie alle Faktoren, welche die Sauerstoffdiffusion an die korrodierende Metalloberfläche beeinflussen, wirken sich auf die Korrosion und die Stromstärke in gleicher Weise aus.

Auch die Wirkung passivierender Einflüsse gibt die Stromstärke naturgetreu wieder. So wird die Korrosion durch Chromsäure und

Chromate sofort zum Stillstand gebracht. Auch die Stromstärke sinkt schnell auf Null ab. Die Stromstärke zeigt also in diesem Fall die veredelnde bzw. korrosionsschützende Wirkung ebenso an wie die Potentialmessung, zu deren Ausführung man aber einen wesentlich größeren zeitlichen und apparativen Aufwand benötigt. Eine in längeren Zeiträumen auf Eisenoberflächen sich abspielende Schutzschichtbildung kann man ebenfalls durch den Stromverlauf erkennen und erreicht so eine Abkürzung der Versuchsdauer von mehreren Tagen auf weniger als eine Stunde (Tödt 4, S. 424—427). Die etwa 1 Stunde dauernde Entstehung der zum Schutz des Eisens wichtigen Phosphatschicht (Parkerverfahren usw.) läßt sich ebenfalls durch eine Strommessung zwischen einer Eisen- u. Platinelektrode verfolgen (Büttner). Eine Feststellung der Schutzschichtbildung in Leitungswasser durch die einfache Strommessung Eisen-Platin gelingt, wie Haase zeigen konnte, nach Abb. 32 im Laufe von etwa 5 Tagen (Haase 4). In Abb. 32a sieht man, wie die Stromstärke zwar zuerst schnell sinkt, aber dann auf einem gewissen Wert praktisch stehen bleibt. Dabei hat sich auf dem Eisen eine lockere amorphe Kalkschicht gebildet, die keinen Rostschutz ergibt. Wenn sich die Kalkschicht in Form eines die Oberfläche abdichtenden korrosionsschützenden Überzuges abscheidet, so erhält man eine Stromkurve nach Abb. 32b, also ein praktisch völliges Absinken der Stromstärke, wenn die Schutzschicht fertig gebildet ist.

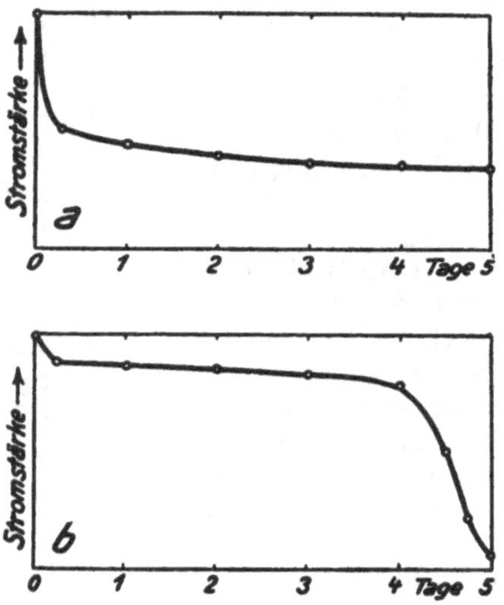

Abb. 32. Anzeige der Kalkschutzschichtbildung durch Strommessung (Haase 4)

Korrosionsstrommessungen zwischen Blei und Platin beschreibt Nitschmann und kommt zu dem Ergebnis, daß die Methode als

Kurzprüfmethode gute Dienste leisten kann, wenn man vorher feststellt, ob die Bedingungen für die Anwendbarkeit erfüllt sind. Beim Blei wurde in zehntel und hundertstel normaler Säure und Lauge sowie in „Standardacetat" (Puffergemisch aus gleichen Teilen von zehntel normalem Natriumacetat und zehntel normaler Essigsäure mit einem pH-Wert 4,6) Übereinstimmung zwischen elektrischem Strom und gewichtsanalytischer Korrosion gefunden. Dagegen wurden in stark verdünnten Lösungen (unter $\frac{n}{100}$) die elektrischen Werte zu klein, weil der innere Widerstand der galvanischen Kette zu groß wurde und daher das Reststromgebiet nicht mehr eingehalten werden konnte. Umgekehrt führt eine genügend dichte Bedeckung des Bleis mit oxydischen Schutzschichten zu einer um das Vielfache zu hohen Stromanzeige, weil das Blei zwar zum größten Teil durch die Schicht vor der Korrosion geschützt war, aber noch genügend freie Oberfläche besaß, um einen beträchtlichen Korrosionsstrom zu liefern (Nitschmann).

Die Korrosion von Nickel und Kupfer in Milch läßt sich nach Gebhardt und Sommer durch die Strommessung mit Platin als edlere Elektrode mit guter Übereinstimmung verfolgen. Änderungen der Temperatur, des pH-Wertes und Sauerstoffgehaltes wirken sich in gleicher Weise auf den Strom und die Korrosion aus, so daß der Gewichtsverlust der Metalle sich aus der gefundenen Stromstärke berechnen ließ. Bei den unendlen Metallen Zink und Aluminium waren die Stromstärken viel höher, weil hier eine direkte Wasserstoffentwicklung am Platin auftrat. Bei einer Reihe von Legierungen (Monel-Metall, Messing u. s.) ergab sich zwar keine Übereinstimmung zwischen Stromstärke und Korrosion, wohl aber lieferte die Strommessung wertvolle Hinweise für den Einblick in den Korrosionsverlauf (Gebhardt).

Unter gänzlich anderen Verhältnissen wurde in neuster Zeit die Reststrommethode angewandt, nämlich bei der Heißwasserkorrosion von Zink mit dem Resultat, daß durch Strommessung während der ersten 5 bis 10 Minuten ein getreues Abbild des wahren Korrosionsverlaufs ermittelt werden kann. Es wird aber mit Recht betont, daß jede Kurzprüfung (und das gilt natürlich in besonderem Maße für die Strommessung) nicht dazu berufen ist, die Langzeitversuche zu ersetzen, welche unerläßlich sind, um den Einfluß langsam sich ausbildender schützender Deckschichten zu erfassen (Grubitsch 1940).

Versuche, die unterschiedliche Korrosion von Kupfer und Aluminiumbronze durch Strommessung zu prüfen, ergaben keine Übereinstimmung zwischen Stromstärke und Korrosion (Rauch und Kolb). Einer der Gründe hierfür bestand darin, daß hier der Langzeitversuch in einer der Praxis nachgebildeten Durchflußapparatur gänzlich anders verlief als Messungen des Gewichtsverlustes in Rührgeräten bei einer kürzeren Versuchsdauer (keine Übereinstimmung zwischen Kurz- und Dauerversuch). Weiterhin ist bei unedlen Metallen wie Aluminium und Zink zu bedenken, daß eine galvanische Verbindung mit Platin zu einer je nach den Versuchsbedingungen mehr oder weniger verstärkten Stromstärke unter Wasserstoffentwicklung führt. Schließlich kann bei Auflösung des Aluminiums die Umrechnung gänzlich anders sein als bei der Bronce (bei Auflösung des Kupfers werden die aus der Stromstärke errechneten Metallverluste über 7mal so groß als bei Auflösung des Aluminiums). Auch bei Eisen in Schwefelsäure ließ sich keine Parallelität zwischen Auflösungsgeschwindigkeit und dem elektrochemischen Verhalten (Potential und Stromstärkemessung) feststellen (Michailoff). Hier handelt es sich um einen starken Säureangriff (Korrosion unter Wasserstoffentwicklung), während die Strommessung in erster Linie zur Verfolgung der Sauerstoffkorrosion geeignet ist.

Trotz der vielen günstigen Anwendungsmöglichkeiten der Korrosionsstrommessung (zwei weitere Beispiele sind im zweiten Teil im Abschnitt II, F, 4, c über elektrische Anstrichprüfung auf Seite 142 besprochen) muß man, wie mehrfach betont wurde, und wie es bei jeder Korrosionskurzprüfung nötig ist, zunächst feststellen, ob und innerhalb welcher Grenzen eine Übertragung auf andere Verhältnisse möglich ist (Siehe den Abschnitt I, B, 1 über Laboratoriumsversuche und Naturversuche sowie über Kurzprüfung und Langzeitversuch). Vor vielen anderen Kurzprüfungen hat die Strommessung den Vorteil einer größeren Einfachheit und Schnelligkeit in Bezug auf die Versuchsanstellung. Gegenüber der Potentialmessung besteht, abgesehen vom Fortfall der kostspieligen und umständlicheren Potentialmeßapparatur, der Vorteil der Strommessung darin, daß sie dem Korrosionslokalelement direkt nachgebildet ist und insbesondere den Verlauf des Korrosionsbeginns mit einfachsten Mitteln zeitlich lückenlos zu verfolgen gestattet.

c) Sonstige elektrische Methoden (Leitfähigkeit, magnetische Eigenschaften)

Bei einer gleichmäßigen Metallabtragung muß die elektrische Leitfähigkeit mit fortschreitendem Korrosionsangriff gleichmäßig abnehmen. Hudson führte Korrosionsmessungen mit 17 verschiedenen Metallen und Legierungen, die 1 Jahr städtischen, ländlichen und maritimen Atmosphären ausgesetzt wurden, aus, wobei die Gewichtsverluste und Leitfähigkeitsänderungen als Maß für die Korrosion dienten (E. S. 153). Von diesen Werten sind die Gewichtsverluste, umgerechnet in abgetragene mm pro Jahr, in der Tabelle 24, Seite 123 enthalten.

Auch im Fall einer lochartigen Korrosion läßt sich nach Ehrenberg (Ehrenberg 2) die Leitfähigkeitsmessung verwenden, wenn man die gefundenen Leitfähigkeitsänderungen mit einem Verstärkungsfaktor multipliziert, welcher für den Dehnungsverlust etwa dem Verhältnis der Gesamtfläche zur Fläche der Korrosionsstellen gleichzusetzen ist. Bei nicht streng lokalisiertem Angriff ist der Verstärkungsfaktor entsprechend kleiner. Die Übereinstimmung mit dem Zerreißversuch betrug etwa $\pm$ 5%, was im Hinblick auf die naturgegebenen und unvermeidlichen Schwankungen der Korrosion völlig ausreicht. Es scheint auf diese Weise möglich zu sein, den Zerreißversuch durch die zerstörungsfreie Leitfähigkeitsmessung zu ersetzen, welche die Durchführung einer ganzen Versuchsreihe mit einer einzigen Probe gestattet.

Zur Verfolgung der Korrosion von Leuchtgas durch Leitfähigkeitsmessung wurde eine Methode entwickelt, bei welcher Eisendrähte von 10 m Länge und 1 mm Durchmesser verwandt wurden und Widerstandsänderungen von 3×10^{-5} Ohm, entsprechend einer Korrosionstiefe von $0{,}5 \times 10^{-6}$ cm gemessen werden konnten. Die Korrosion ging nach diesen Versuchen sowohl bei Kohlengas als auch bei Stadtgas durch die Reinigung auf etwa ein Drittel zurück (Demski).

Die interkristalline Korrosion von Chromnickelstahl kann man als Folge einer Chromverarmung und einer dadurch bedingten Entstehung eines ferromagnetischen Gefüges durch Aufnahme magnetischer Sättigungskurven nachweisen (B. I. S. 459). Für die zerstörungsfreie Prüfung von Eisenwerkstoffen auf Risse wird das Magnetpulververfahren benutzt. Beim Aufschwemmen eines Metallpulver-Ölgemisches auf dem magnetisierten Werkstoff setzt

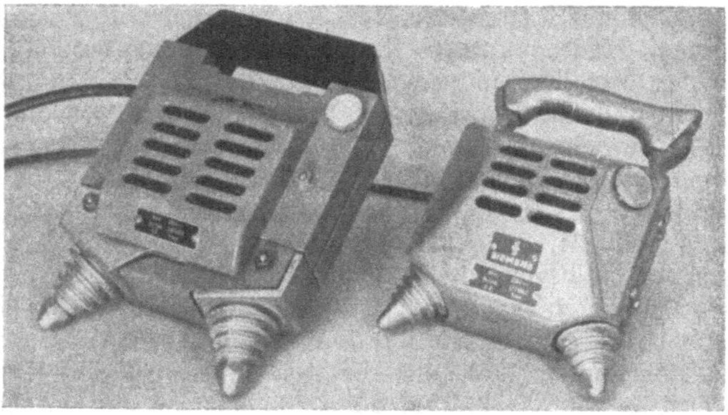

Abb. 33. Apparate zur Risseprüfung von Schweißnähten (Die chemische Fabrik 1940, S. 59)

sich an Stellen, die Risse enthalten, das Metallpulver in mehr oder weniger dicken Raupen an. Das zu prüfende Werkstück wird nach Abb. 33 als Teil der Sekundärentwicklung eines Hochstromtransformators geschaltet, von Wechselstrom durchflossen und dabei magnetisiert. Die Bedienung solcher tragbaren Risseprüfer ist denkbar einfach.

6. Sonstige Methoden

a) Messung der Wärmeentwicklung, Lichtreflexion, Materialprüfung durch Röntgenstrahlen

Durch die bei schneller Auflösung in starker Säure auftretende Wärmeentwicklung kann man die Auflösungsgeschwindigkeit messen. Wie große Unterschiede hierbei auftreten können, wenn scheinbar fast gleiche Metalloberflächen geprüft werden, zeigt folgendes Beispiel. Zinkblech, auf 0,6 mm gewalzt und in 10%ige Säure getaucht, verursacht in 15 Minuten einen kaum merkbaren Temperaturanstieg von 11 auf 12°. Bei demselben Blech, das auf 0,3 mm nach einem besonderen Verfahren ausgehämmert war, stieg die Temperatur in der gleichen Zeit auf 30°, also eine 10 bis 20mal so große Auflösungsgeschwindigkeit infolge einer anderen Oberflächenbearbeitung (Drotschmann).

Durch die Messung der Lichtreflexion kann man ebenfalls die Korrosion verfolgen. Sowohl durch empfindliche optische Geräte als auch mit bloßem Auge lassen sich Veränderungen der Metalloberfläche durch „Anlaufen" sehr leicht feststellen.

Nicht unerwähnt bleiben soll die in der Materialprüfung von Metallen heute viel benutzte Prüfung durch Röntgenstrahlen. Für Grobstrukturuntersuchungen hat sich in den letzten Jahren in Deutschland die röntgenographische Werkstoffprüfung stark eingebürgert. Während 1933 in Deutschland 15 Apparate hierfür benutzt wurden, so sind es heute über 600 (Trost S. 508). Die Prüfung erfolgt mit Leuchtschirm, Film und mit Strahlungsmeßgeräten Besonders für Leichtmetalle ist die einfache Leuchtschirmprüfung zur Feststellung von Poren, Seigerungen und gröberen Rissen geeignet. Die Fehlererkennbarkeit ist nicht sehr groß, sie beträgt etwa 5% der durchstrahlten Dicke, so daß bei einem Gußstück von 50 mm Dicke Poren von 2,5 mm Durchmesser gerade noch nachgewiesen werden können (Trost S. 508). Etwa 5 mal empfindlicher als der Leuchtschirm ist der Film, welcher besonders für die Untersuchung von Schweißnähten auf Risse, Schlacken, Bindefehler und Poren Bedeutung gewonnen hat. Das Zählrohr benutzt man für Fehlstellen, die sich über größere Abschnitte erstrecken, wie für Messungen von Korrosionen an Rohren, Gasflaschen und großen Druckbehältern (Trost S. 512).

b) Messung der Eigenfrequenz, Dämpfung und Abklingzeit

Der innere Zustand eines Metalls läßt sich durch die Bestimmung der Eigenfrequenz und der Dämpfung nach Arbeiten des Kaiser-Wilhelm-Instituts für Eisenforschung in Stuttgart mit großer Genauigkeit verfolgen (K. W. I.). Durch derartige Messungen konnte bei der Korrosion von Aluminium-Magnesiumlegierungen in Berührung mit einer Lösung von 3% Kochsalz und 1% Salzsäure der interkristalline Angriff verfolgt werden. Gleichzeitige Gefügeuntersuchungen und Langzeitversuche ergaben die Brauchbarkeit der Methode. Die Dämpfungsmessung war hierbei wesentlich empfindlicher als die Bestimmung des Abfalls der Festigkeitswerte und erwies sich zur schnellen Ermittlung der interkristallinen Korrosion als brauchbar (E. S. 674).

Nach Feststellungen von Ehrenberg kann man anstatt der eine ziemlich umfangreiche Apparatur erfordernden Messung der Eigenfrequenz und der Dämpfung eine Messung der Abklingzeit mit den einfachsten Mitteln durchführen (Ehrenberg 2 1941). Unter Abklingzeit ist diejenige Zeit zu verstehen, in der sich die Amplitude eines schwingenden Stabes von einem bestimmten Anfangswert auf einen bestimmten Endwert senkt. Sie ist dem Produkt aus Dämpfung und Frequenz umgekehrt und somit der Stabdicke und dem Quadrat der schwingenden Länge direkt proportional.

Wo, wie bei der Korrosionsprüfung, nur die Änderung des Ausgangswertes interessiert, genügt es, das eine Ende des Probestabes in einen eisernen Schraubstock fest einzuspannen und das freie Ende mit der Hand zum Schwingen anzuregen. Hierzu läßt man das freie Ende bei einer bestimmten Ausbiegung, welche noch innerhalb des elastischen Bereiches liegen muß los, und mißt mit der Stoppuhr die Zeit bis zur Verminderung des Ausschlages auf einen vorher festgesetzten Endwert. Wenn nicht im Laufe der Korrosion eine wesentliche Dickenänderung zu erwarten ist, wählt man am besten die Stabdicke als Endamplitude. Senkrecht zur Schwingungsrichtung betrachtet, entsteht hierbei der Eindruck eines linken und eines rechten Endes, welche sich einander nähern. In dem Augenblick, in dem sie sich zu berühren scheinen, ist die Amplitude gleich der Stabdicke. Die Stabenden sollen sich dunkel von einem gleichmäßig hellen Hintergrund abheben oder umgekehrt. Es sind stets Vergleichsmessungen durchzuführen, da eine Veränderung der Beleuchtungsverhältnisse den scheinbaren Endpunkt etwas verschiebt.

Als Kontrolle, daß nicht durch die Art der Einspannung eine zusätzliche Dämpfung entsteht, dient die Messung der Abklingzeit bei verschieden weiter Einspannung desselben Stabes. Wenn, wie beim Einspannen von Leichtmetallstreifen in einen Holzschraubstock, eine zusätzliche Dämpfung entstand, war diese von der Einspannweite abhängig, wodurch die quadratische Beziehung zwischen freier Länge und Abklingzeit gestört wurde, während sie bei festem Einspannen in einen eisernen Schraubstock klar zutage trat. Das Versuchsmaterial bestand aus Blechstreifen von 20mal 200mm bei 1/2 und 1 mm Dicke. Die untersuchten Werkstoffe waren die Elektronlegierungen AM 503 und AZM, ferner Dural im Anlieferungszustand und Hydronalium (Hy 7) nach 7täg. Erhitzen im Trockenschrank bei 120°. Die Korrosionsbeanspruchung wurde im DVL-Rührgerät durchgeführt. Als Angriffsflüssigkeit diente 3% NaCl + 0,1% H_2O_2-Lösung.

Je 3—5 Proben wurden zu verschiedenen Zeiten entnommen, vom ersten Einsetzen der Korrosion über alle Zwischenstufen bis zur nahezu völligen Auflösung untersucht und nach Beendigung der zerstörungsfreien Prüfung zur Ermittlung von Zugfestigkeit und Dehnung dem Zerreißversuch unterworfen. Von mehreren Proben wurden außerdem Schliffe zur mikroskopischen Auswertung hergestellt. Die zerstörungsfreie Prüfung erstreckte sich auf die Änderung der elektrischen Leitfähigkeit und der Abklingzeit.

Es zeigte sich nun an Elektron, Hydronalium und Dural verschiedener Wärmebehandlung, daß bei reinem Lochfraß auch bei den höchsten Korrosionsgraden die Abklingzeit praktisch konstant bleibt, jedoch bei zusätzlicher oder alleiniger interkristalliner Korrosion rasch abfällt. Also ist bei Lochfraß die Dämpfungszunahme gleich der Frequenzabnahme, und es bildet die Abklingzeit ein viel unmittelbareres Maß für innere (interkristalline) Korrosion als die Dämpfung, welche auch auf eine äußere Korrosion anspricht. Obendrein setzte die Änderung der Abklingzeit gleichzeitig mit der Dehnungs- und Festigkeitsänderung ein und war in den untersuchten Fällen im Anfangsstadium etwa gleich dem Dehnungsverlust. Bei der elektrischen Leitfähigkeit jedoch, die vielfach als Prüfverfahren für die innere Korrosion vorgeschlagen wurde, begann eine merkliche Änderung erst, als die Proben schon über die Hälfte ihrer Festigkeit und Dehnbarkeit verloren hatten.

II. Teil.
Die Verhütung der Metallkorrosion

A. Allgemeines

Bei der Beurteilung von Maßnahmen zur Korrosionsverhütung ist zu beachten, daß in der Praxis im allgemeinen nicht nur chemische Wirkungen auftreten, wie bei den meisten laboratoriumsmäßigen Nachbildungen, sondern zusätzliche mechanische Einflüsse wie Reibung und Verformung. Eine gegen rein chemische Wirkungen absolut sichere Schutzschicht ist bedeutungslos, wenn ihre Härte zu gering ist, um eine Zerstörung durch Kratzer zu verhindern (es sei denn, daß sie die Fähigkeit des Fernschutzes besitzt). Aber auch die Vereinigung einer noch so hohen Härte mit chemischer Beständigkeit ist nutzlos, wenn der Werkstoff nachträglich Verformungen ausgesetzt ist und die Schutzschicht mangels nötiger Dehnbarkeit brüchig wird. Diese Dreiheit der gestellten Ansprüche

1. chemische Widerstandskraft,
2. Härte,
3. Verformbarkeit,

ist es, welche einen absoluten Korrosionsschutz bisher verhindert hat und zu Kompromißlösungen zwingt, welche immer nur von Fall zu Fall verwendet werden können.

1. Verbreitung (Millionen Tonnen, Erzeugung 1937) und Wert (Preise in Reichsmark im Jahre 1937) der einzelnen Metalle

Wenn eine Entscheidung darüber zu treffen ist, welches Metall für einen bestimmten Zweck verwendet werden soll, so kommt es nicht nur darauf an, die Eignung des Metalls (mechanische Eigenschaft, Korrosionsbeständigkeit) zu kennen, sondern man muß auch wissen, in welchen Mengen das Metall zur Verfügung steht und wie teuer es ist. Diesbezügliche Angaben sind in den folgenden Tabellen 12—14 gemacht.

Neben dem Eisen als dem billigsten Metall gibt es nur noch 2 weitere Metalle, die nicht viel teurer sind, das Blei und Zink. Dann folgt in weitem Abstand das Kupfer. Auch das Aluminium, obwohl

Tabelle 12 (Henniger-Frank)

Die wichtigsten Gebrauchsmetalle 1937 (Altreich)

	Art-gewicht q/cm³	Schmelz-punkt C⁰	Welt-erzeu-gung in Mill. t	Deutsche Erzeu-gung in Mill. t	Deutscher Verbrauch in Mill. t	Preis für 1 kg RM 1939
Roheisen	7,9	1525	104	16	16	0,07
Blei	11,3	327	1,73	0.17	0,24	0,18
Kupfer	8,9	1083	2,31	0,22	0,47	0,58
Zink	7,1	419	1,64	0,16	0,23	0,17
Aluminium	2,7	659	0,49	0,13	0,14	1,3
Zinn	7,3	232	0,21	0,003	0,01	2,8

Tabelle 13 (R. S. 191)

Ungefähre Preise f. Apparate einfacherer Ausführung (ohne besondere Rührwerksantriebe)

Werkstoff	Preis f. Halbzeug ohne Verarbeitung pro kg RM a	Kleinere Apparate b	Größere Apparate c
Kupfer	1,30	4—5 fach	2,5—3 fach
Kupfer, verzinnt	1,30	4,5—5,2 ,,	3—3,2 ,,
Nickel......................	5,30	2 ,,	1,5 ,,
V 4 A	5,20	2 ,,	1,5 ,,
Schmiedeeisen..............	0,20	6—7 ,,	1,5 ,,
Gußeisen	0,20	6 ,,	3—4 ,,
Aluminium	2,70	5—6 ,,	4 ,,
Bronze	1,30	4—5 ,,	2,5—3 ,,
Blei, ausgelegt	0,30	2,5 ,,	2 ,,
Blei, homogen aufgetragen ...	0,30	4—5 ,,	3,5 ,,
Chrom-Nickel-Legierung	etwa 8,00	6—7 ,,	5 ,,

es rein rohstoffmäßig in beliebiger Menge in der Tonerde (und bei etwas umständlicher Gewinnung im Ton) vorhanden ist, hat noch einen verhältnismäßig hohen Preis. Es ist bemerkenswert, daß zwischen Preisgestaltung und erzeugter Menge kein einfacher Zusammenhang besteht. So wird z. B. nach Tabelle 12 das Kupfer in größerer Menge gewonnen als die über 3mal so billigen Metalle Blei und Zink.

Tabelle 14 (R.S. 192)

Metallpreise in Reichsmark je kg	April 1937
Rhodium	9820.—
Platin, techn. rein	4610.—
Osmium	3530.—
Gold	2840.—
Palladium	1870.—
Tantal	500.—
Silber	40.—
Cadmium	9.30
Kobalt	7.—
Molybdän	6.50
Quecksilber	5.—
Wolfram	4.50
Chrom	4.00
Zinn	3.40
Magnesium	2.80
Nickel	2.20
Aluminium	1.40
Antimon	0.95
Kupfer	0.90
Blei	0.31
Zink	0.31

2. Der Zusammenhang zwischen der Korrosionsmessung und der Korrosionsverhütung.

Die im ersten Teil dieses Buches behandelte Korrosionsmessung verfolgt den Zweck, die Möglichkeit für eine erfolgreiche Korrosionsverhütung zu schaffen. Infolgedessen gelten die im Abschnitt I, A, 1 behandelten allgemeinen Richtlinien und Grundlagen ebenso wie für die Korrosionsmessung auch für die Korrosionsverhütung. Man muß die Korrosion zuerst richtig erkennen und messen, um sie dann durch geeignete Maßnahmen verhüten zu können. Oft gibt die bei der Korrosionsmessung im Abschnitt I, A, 4 als besonders wichtig betonte Feststellung des maßgebenden Umstandes die nötigen Hinweise für die Korrosionsverhütung.

Wenn man z. B. gefunden hat, daß der Sauerstoff im Warmwasser Korrosionen verursacht, so wird man Mittel suchen, den Sauerstoff zu entfernen, wie z. B. durch Zugabe von Natriumsulfit, und wird die sauerstoffentfernende Eigenschaft dieser Mittel durch entsprechende Korrosionsmessungen prüfen. Dieses Beispiel, das in hohem Maße auf das ganze Korrosionsgebiet übertragbar ist, läßt klar den engen Zusammenhang zwischen der Messung und der Verhütung der Metallkorrosion erkennen. Bei einer getrennten Darstellung der Korrosionsmessung und der Korrosionsverhütung können daher Wiederholungen nicht immer vermieden werden.

Im Anschluß an den allgemeinen Teil wird die Einteilung der Abschnitte vorwiegend nach Metallen vorgenommen, weil auf diese Weise für den Leser das Auffinden von korrosionsschützenden Maßnahmen erleichtert wird. Dadurch nimmt der Abschnitt, welcher sich mit Eisen beschäftigt, den größten Umfang ein, während andere Metalle, wie Kupfer, Zink und Blei, kürzer behandelt werden. Denn bei diesen Metallen spielt die Korrosion und die Korrosionsverhütung entweder deswegen eine geringere Rolle wie beim Eisen, weil, wie beim Kupfer, das Metall in den meisten Fällen keine starke Korrosion aufweist, oder, weil, wie beim Zink, das Metall so stark korrodiert, daß es eine entsprechend geringere Verwendung findet.

Einen allgemeinen Überblick über die Korrosion der häufigsten Metalle in wäßriger Lösung liefert die von Schikorr zusammengestellte Tabelle 15 (Schikorr 6). Es muß aber ausdrücklich betont werden, daß es sich hierbei nur um ganz rohe Anhaltspunkte handelt, die lediglich eine gewisse oberflächliche Orientierung ermöglichen sollen und daher eine Reihe von wichtigen Einflüssen, wie z. B. den zeitlichen Verlauf, nicht mit enthalten. Die Tabelle 15 ist hier aufgeführt, um zu zeigen, daß zur Ausführung und Beurteilung von Korrosionsmessungen und Korrosionsschutzmaßnahmen ein zusammengefaßter, wenn auch nur sehr roher Überblick über ein möglichst umfassendes Korrosionsgebiet nützlich ist.

Tabelle 15

Korrosion der Metalle

Vorbemerkungen

1, Es bedeutet:

1 Material fast immer verwendbar	Angriff etwa 0,0001	g/m^2 Tag
2 Material in den meisten Fällen verwendbar.	Angriff etwa 0,01	g/m^2 Tag
3 Material mitunter verwendbar.	Angriff etwa 1	g/m^2 Tag
4 Material sehr selten verwendbar.	Angriff etwa 100	g/m^2 Tag
5 Material nie verwendbar.	Angriff etwa 10000	g/m^2 Tag

2. Die Angaben des Schrifttums schwanken sehr stark je nach den Bedingungen (Reinheit des Metalls, Konzentration des angreifenden Stoffes, Temperatur) und nach dem Beobachter. In den Tabellen sind die Angaben häufig nur geschätzt.

3. Der Beständigkeit entgegen wirken in der Regel Steigerungen, der Temperatur, Wasserstoffionenkonzentration und Ungleichmäßigkeit des Gefüges.

4. Die meisten Angaben beziehen sich auf Luftgegenwart.

5. Besonders wichtig ist oft der Wassergehalt der angreifenden Stoffe. Manchmal erhöht Wasser den Angriff (Alkohol, Treibstoffe, Atmosphäre), manchmal erniedrigt es den Angriff (vgl. Aluminium in organischen Stoffen).

6. Die Angaben in der Tabelle können nur als Fingerzeige dienen.

A. Durch anorganische Stoffe.

I. Durch O^2-haltige wäßrige Lösungen der Spalte 1.

	Al	Pb	Cd	Cr	Fe	Fe Si	Fe[2]) Cr Ni	Cu [3])	Cu Zn [3])	Cu Sn [3])	Cu Ni [3])	Ni [3])	Zn	Sn [3])
(dest. Wasser)	2–3	2–3	2	1	3		1	2	2	2	1–2	1	2–3	2
CO_2	2–3	2–4		1	3–4		1–2	2–3	2–3		2	2	2–4	2
HNO_3	2–4	2–5	5	1–4	5	1–3	1–4?	5	5	3–5	2–5	1–5	5	3–5
HCl	5	2–5	5	5	5	2–5	5	4	4	3–4	3–4	3–5	5	3–4
H_2SO_4 [1])	3–4	2–5	5	3–4	3–5	2–4	2–5	3	3	2–3	3	3–4	5	3–4
H_2SO_3	4	2		4	4	2	2–4	3	3	2–3	2–4	4	5	3–4
H_3PO_4	4	2–4		4?	3–5	1–4	1–5	3–4	3–4		2–4	3–4		
H_2F_2	3–5	4		4		5					2?	1[4])		
H_3BO_3	2–3				3–4	2	1–2			2–3		1?		
NH_3	2		3	1	1–2	1–2	1	4	4	3–4	2–4	1–2		1

[1]) Konz. H_2SO_4 greift oft viel weniger an.
[2]) Nicht rostender Stahl.
[3]) Bei O_2-Abwesenheit in vielen Fällen: 1–2.
[4]) Nach Vorbehandlung mit 58%iger Flußsäure.

	Al	Pb	Cd	Cr	Fe	Fe Si	Fe [4]) Cr Ni	Cu [5])	Cu Zn [5])	Cu Sn [5])	Cu Ni [5])	Ni [5])	Zn	Sn [5])
NaOH; $Ca(OH)_2$ Cl'-frei)	5[2])	3–4		1	1	1–3	1	2–3	2–3	1–2	1–3	1	3–4	4–5
Na_2CO_3 (Cl'-frei)	4[2])	2		1	1	1–3	1				2–3	1		3–4
Na_2S; CaS(Cl'-frei)		1		1	1	3	1				3–4			
NaCl; $CaCl_2$ usw.	3–4	2–4	2?	1–2	3	2–3	2	3–4	3–4	2–4	2?	2–3	2–3	2
$NaNO_3$; $Ca(NO_3)_2$ usw.	2–3			1	3		1	2–3	2–3	2	1–2	1	2–3	
Na_2SO_4	2–3	2		1–2	3	5	1	2–3	2–3	1–3	1–2	1–2		
NH_4Cl	4	2–3		3	4	5	1–3	4	4	2–4	3–4	2?		
$(NH_4)_2SO_4$	3–4	1[3])		2	4	1–2	1–3		3?	3	2	2	3–4	
NH_4NO_3	2			1	4	1–2	1–5	3	3?	3	4	2	4–5	
$Al_2(SO_4)_3$, Alaun	3–4	2–3			4	2–3	2–3		2–3		2	3	4	
$FeSO_4$	4				4	1	2				2–4			
Hg- u. Cu-Salze	4–5				4	1–4	1–5		2–4			3–4	5	
H_2O_2	2–4			1	2–4		1	2–4			3	1	2–5	
Leitungswasser, fließendes	3–4	2–4	2?	1	2–4	2–3	1	2	2–3	2	2	1–2	2–3	2
H_2CrO_4; CrO_4''; Cr_2O_7''	1	1		1	1	1–2	1				4	1	1–3	4
II. Durch Stoffe der Spalte 1														
Erdböden	4	2–4		1–2	2–4		1–2	2				2	3–4	2–3
Gips; Gipsmörtel	3	2		1	2–4		1	2–3				1–2	2–4	
Zement, Zementmörtel	4	3–4		1	1–2		1	2–3					2–4	2?
Schwefel, flüss.	1?	4		1?		2	3	4–5	3–4	4	4	4	2?	
Feuchte Gase[1])														
Nitrose Gase	2		1?	1	4		1–2	4				1–5		
$H_2S + O_2$	1		1?				1	2–4	3			2	2–3	
$SO_2 + O_2$	2–4							4				1–4	2–5	
Halogene	5	2–5			2–5	2–5	2–5	2–5				1–5		4–5
Luft	1–4	1–2	1–2	1	2–4		1	1–2	2	1–2	1–2	1–2	1–3	1–2
Luft + Salznebel	2–4		2–3	1–3	3–4		1–3	2–4			1–3	1–3	3	2–3

[1]) Angriff mit der Feuchtigkeit des Gases oft stark ansteigend.
[2]) Zusatz von Gummi arabicum oder Wasserglas vermindert den Angriff.
[3]) Ammoniakalische $(NH_4)_2SO_4$–SO_3: 3.
[4]) Nicht rostender Stahl.
[5]) Bei O_2-Abwesenheit in vielen Fällen: 1-2.

B. Durch organische Stoffe

	Al	Pb	Cr	Fe	Fe Si	Fe Cr Si	Cu (?)	Cu Sn (?)	Cu Ni (?)	Ni	Zn	Sn
Aceton	1–2		1	2–3		1						
Äthyl-, Methyl-Alkohol	2	2–3	1	1–2		1	2?		1	1		
Äthyl-Äther	2		1	1–2		1						
Ameisen-, Essig-, Oxalsäure	4	2–4	2–4	2–4	1–3	1–4	2–4	3	2–4	1–4	4)	2–4
Propion-, Butter-, Baldriansäure	3–4[1])		1–3	2–3	1–2	1–3	2–4	3	1–3	1–4	4	2–4
Zitronen-, Bernstein-, Milch-, Salicyl-, Weinsäure	2–4[5])	3–4	1–3	2–4	1–3	1–3	2–4	3	1–3	2–3	4	2–3
Blausäure	1?	3–4		3–4	2	1					2?	
Hohe Fettsäuren	2–4[1])		1–3	1–3	1–2	1	2–3	2	2–3	1?	2–3	
Gerbsäure	3	4		3–4	1–2	1			3	1		
Anilin, Amide	2–4						4	4				
Benzol	1–2		1	1–3			1–2	1–2			2	1
Campfer, geschmolzen	1?	2[4])		2								
Formaldehyd	1			2–3		1–3?						
Gelatine	1							3	1	2		
Harze	1	3–4		3–4			2–3		2	1		
Phenole	1–2[1])	3–4	1	3-4	2	1			2	2		1
Schwefelkohlenstoff				2–3		1				2		
Terpentinöl	1			2		1						
Tetrachlorkohlenstoff (feucht)	1?	4		1–3		1–2	3	2–4	2–4	2–3	3–4	3–4
Zuckerlösungen	2			2–3								1
Bier	2–3			3				3	3	2	3	2–3
Milch	2		1–2	3		1–2				2–3		2
Wein	2–3?			3			4				3–4	3
Fette Öle	2			1–3								
Petroleum	1–2			1–3								
Urteeröle	2[1])–4			1–4			2		2–4	2	2–4	
Organische S-Verbinbunden in Kraftstoffen	2	3–4		3–4			3–4	2		2	4	1–2
Sonstige Stoffe	[2])											

[1]) Wasserhaltig! Die wasserfreien Stoffe greifen stärker an. (Völlig wasserfreie organische Säuren rufen häufig einen weit stärkeren Angriff hervor als Säuren mit 0,1–1% Wasser.)

[2]) Aluminium gegen Acetanilid, Alkaloide, Amylacetat, Ketone, Pa-

3. Die Maßnahmen zur Korrosionsverhütung durch Veränderung des Metalls oder des korrodierenden Mittels

Die Maßnahmen zur Verhütung der Metallkorrosion sind äußerst vielseitig und werden im Einzelnen in den folgenden Abschnitten B—F bei den verschiedenen Metallen beschrieben. Daher genügt es, hier nur einen kurzen und allgemein gehaltenen Überblick zu geben. Im großen und ganzen gelten hier die Ausführungen des Abschnittes I, A, 4, nach denen bei einer unter Wasserstoffentwicklung verlaufenden Korrosion die Ursache vorwiegend beim Metall zu suchen ist, und bei der Sauerstoffkorrosion in den meisten Fällen dem korrodierenden Medium die Schuld gegeben werden muß.

a) Maßnahmen durch Veränderung des Metalls (Legierungsbildung, Wärmebehandlung, Galvanisierung, Emaillierung S. 88, Plattierung, chemischer Oberflächenschutz)

Wohl die bekannteste hier zu nennende Maßnahme ist die Herstellung geeigneter Metallegierungen. Es ist das große Verdienst der metallurgischen Wissenschaft und Technik, für fast jeden Sonderzweck, so auch für die verschiedensten Korrosionsbeanspruchungen, besondere Legierungen geschaffen zu haben. Dabei ist es erstaunlich, daß oft sehr geringe Beimengungen, z. B. von Al, Cr u. Si, den Korrosionswiderstand beträchtlich erhöhen können. In anderen Fällen können aber umgekehrt geringe Beimengungen den Angriff stark fördern, wie es z. B. beim Aluminium der Fall ist. Daher hat man das Aluminium mit immer steigender Reinheit hergestellt. Um das Eisen durch Legieren gegen Säuren korrosionsfest zu machen, braucht man größere

raffin, Pyrogallol, Resorcin, Ricinusöl, Sulfonalwachs, Paraldehyd, wasserfreien Essigsäureäthylester, Fette, Nitrolglycerin 1; gegen Acetessigester, Kresole, Leinölfirnis, Naphthol, Naphthylamin, Nitrocellulose, Olivenöl, Ätherische Öle, Jauche, Äthylentrichlorid, Chinon, Tischlerleim, Krapplack, Spirituslack, Senföle, Zellstoffmasse 2; gegen Benzaldehyd 4.

[3]) Bei Sauerstoffabwesenheit oft kein Angriff.

[4]) Bei Gegenwart von Eisen 4.

[5]) Milchsäure 1?

Mengen von Silicium oder Chrom oder für den beim V2A-Stahl erreichten Korrosionsschutz 18% Chrom und 8 % Nickel. Ein sehr wichtiges Gebiet der Metallurgie ist die Legierungsbildung von Kupfer und Zink, wobei je nach dem Mischungsverhältnis die verschiedenen Messingsorten entstehen. Das Kupfer ist zur Legierungsbildung auch mit anderen Metallen besonders geeignet (Bronze).

Während die Legierungsbildung und Zumischung geringer Beimengungen das gesamte Metall verändert, kann man auch die Änderung auf die Oberfläche beschränken, was für die Korrosion besonders wichtig ist. So kann man durch geeignete Wärmebehandlung das Metallgefüge oberflächlich in einem für die Korrosion günstigen Sinne beeinflussen. Bekannte Beispiele hierfür sind Messingrohre, welche ohne geeignete Wärmebehandlung gefährliche Risse bilden (Seite 58).

Die wohl am häufigsten vorgenommene Änderung der Metalloberfläche geschieht durch Überzüge mit Fremdmetallen. Einen umfassenden Überblick über Korrosionsschutz durch elektrolytische Metallniederschläge gibt M. Schlötter (Schlötter 1). Es haben sich bestimmte Dicken galvanischer Schichten als zweckmäßig erwiesen, die entweder in mm oder in g/m² angegeben werden (bei Vernicklung eine Mindeststärke von 0,025 mm, bei Auflagen von Zn 90—140 g/m², Cd 40 g/m², Sn 20 g/m², Pb 100—200 g/m² und Cu 70—100 g/m² (B. III, S. 426). Wenn die Überzüge, was beim Galvanisieren meist der Fall ist, edler sind als das Grundmetall, so muß die Schicht dicht und lückenlos sein. Denn schon die kleinste Undichtigkeit läßt in Berührung mit angreifenden Flüssigkeiten ein Lokalelement entstehen, was wegen der Größe der edleren Kathodenfläche des Überzugmetalls zu einer lochartigen und daher sehr gefürchteten Korrosion an den undichten Stellen führt. Ist die Deckschicht dagegen unedler, so wird das Grundmetall auch dann noch geschützt, wenn die Deckschicht undicht wird. Das Aufbringen metallischer Deckschichten kann außer durch Galvanisieren auf verschieden Art erfolgen (Eintauchen in Bäder, Feuerverzinkung usw.). Eine etwas andere Art des metallischen Oberflächenschutzes besteht darin, daß man Plattierungen anwendet, d. h. dünne Bleche edleren Metalls auf das zu schützende Grundmetall aufwalzt.

Eine weitere große Gruppe von Oberflächenverfahren bei Metallen besteht in einer chemischen Einwirkung auf die Oberfläche. Hierbei entstehen Deckschichten, welche aus einer chemischen Verbindung des Metalls bestehen. Durch oxydierende Wirkung entstehen Metalloxyde, welche je nach ihrer Beschaffenheit einen mehr oder weniger guten Korrosionsschutz ergeben (Passivierung, S. 4). Andere Schutzschichten bestehen aus unlöslichen und gut haftenden Karbonaten oder Phosphaten. Es gibt eine große Anzahl von Korrosionsschutzverfahren, welche durch chemische Oberflächenbehandlung schützende Überzüge erzeugen, (z. B. Eloxal und M. B. V. Verfahren bei Aluminium, Parkerverfahren beim Eisen). Oft bilden solche Schichten einen besonders guten Untergrund für Anstriche.

Bevor man die Oberfläche von Metallen mit einer metallischen oder nichtmetallischen Deckschicht oder auch mit einem Anstrich versieht, müssen anhaftende Verunreinigungen, wie Fett, sorgfältig entfernt werden. Diese Reinigung spielt bei der Metallverarbeitung eine große Rolle und ist von F. Eisenstecken, W. Hartmann und G. Thomeiser eingehend beschrieben worden (Eisenstecken). Es gibt mechanische (Bürsten, Sandstrahl, Wasserstrahl) und chemische (organische und anorganische) Reinigungsmethoden. Die organischen Mittel, wie Waschbenzin, wirken fettlösend, während die um das Vielfache billigeren anorganischen, meist alkalischen Mittel emulgierend wirken.

b) Maßnahmen beim korrodierenden Mittel

Am Ende des vorhergehenden Abschnittes wurden die chemischen Oberflächenschutzmethoden erwähnt, welche gleichzeitig eine wirksame Maßnahme beim korrodierenden Mittel zur Erreichung eines Korrosionsschutzes sind. Die meisten dieser Verfahren beruhen entweder auf einer oxydierenden Wirkung (schützende Oxydschichten durch Sauerstoff oder Kaliumbichromat) oder sie erzeugen sonst einen das Metall dicht bedeckenden Überzug (Kalkschutzschichten im Leitungswasser, Phosphatschutz), wobei in manchen Fällen (günstige Wirkung alkalischer Reaktion auf Eisen) schwer zu entscheiden ist, ob es sich mehr um eine reine Oxydation oder um die Bildung eines unlöslichen Niederschlages handelt.

Da nach den Ausführungen im Abschnitt I, A, 4, a bei dem korrodierenden Mittel meist dann die Korrosionsursache liegt, wenn es sich um einen Angriff durch gelösten Luftsauerstoff (Depolarisation) handelt, besteht eine Reihe von Schutzmaßnahmen in einer Beseitigung des Sauerstoffs. Diese Beseitigung kann auf chemischen Wege geschehen, indem man den Sauerstoff durch Natriumsulfit oder auch durch feinverteiltes Eisen abbindet. Andere Verfahren beruhen auf einer physikalischen Wirkung (Entlüften durch Temperaturerhöhung oder durch Vakuum).

In einem gasförmigen Medium, wie in der Atmosphäre, sind die Schutzmaßnahmen durch Beeinflussen des korrodierenden Mittels meist nicht so einfacher Natur. Nachdem man erkannt hat, daß die kürzere Lebensdauer von Eisen an der Luft mit industriellen Verunreinigungen zusammenhängt, ist man bestrebt, die Verunreinigungen, wie schweflige Säure, nicht in schädlichen Mengen in die Luft gelangen zu lassen. Die angreifende Wirkung von Leuchtgas setzt man dadurch herab, daß man dem Gas durch besondere Reinigungsvorrichtungen das Wasser und andere angreifende Stoffe entzieht.

B. Die Korrosionsverhütung beim Eisen.

Bei der Verarbeitung des technischen Eisens und seiner Legierungen stehen zunächst die mechanischen Eigenschaften, wie Festigkeit, Härte, Dehnung, Verformbarkeit usw. im Vordergrund. Hierbei spielt der Kohlenstoffgehalt, welcher das Gefüge entscheidend beeinflußt, die Hauptrolle, wie die Abb. 34 erkennen läßt.

Auf die Technologie und Metallurgie des Eisens, eins der wichtigsten Gebiete der heutigen Technik, kann hier nicht eingegangen werden. Die mechanischen Eigenschaften wurden im I. Teil dieses Buches im Abschnitt I, C, 3 nur soweit herangezogen, als sie für die Korrosion Bedeutung besitzen, und zwar als unentbehrliche Korrosionsprüfmethoden bei interkristalliner und sonst auf enge Bezirke begrenzter Korrosion (Abschnitt I, A, 3, b sowie I, C, 4). In allen diesen Fällen sind die Materialeigenschaften von entscheidender Bedeutung.

Anders liegt der Fall dagegen, wenn an das Eisen keine besonderen mechanischen Forderungen gestellt werden, sondern in erster Linie eine Korrosionsbeständigkeit gegen Luft und Wasser verlangt wird. Wie bereits im Abschnitt I, A eingehend ausgeführt wurde, ist dann, abgesehen vom Verhalten gegen Säuren, hauptsächlich der an die Oberfläche gelangende Sauerstoff für

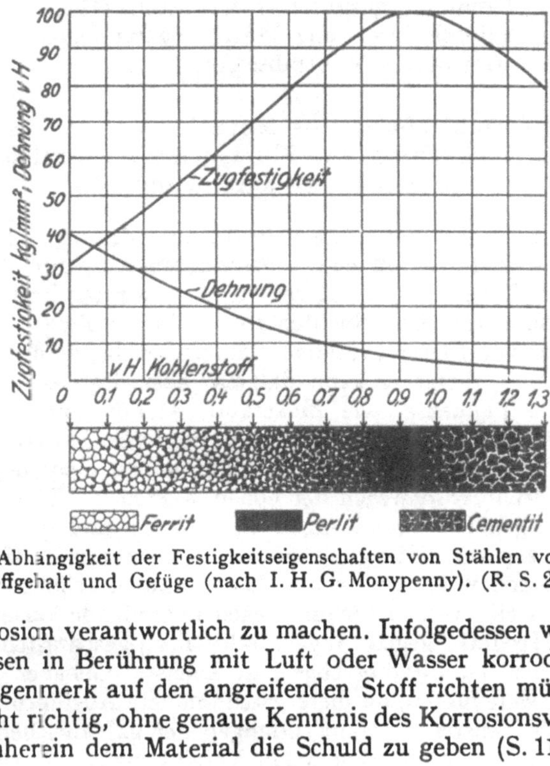

Abb. 34. Abhängigkeit der Festigkeitseigenschaften von Stählen von Kohlenstoffgehalt und Gefüge (nach I. H. G. Monypenny). (R. S. 204)

die Korrosion verantwortlich zu machen. Infolgedessen wird man, wenn Eisen in Berührung mit Luft oder Wasser korrodiert, das Hauptaugenmerk auf den angreifenden Stoff richten müssen, und es ist nicht richtig, ohne genaue Kenntnis des Korrosionsvorganges von vornherein dem Material die Schuld zu geben (S. 11).

1. Atmosphärische Bedingungen

a) Entfernung der gefährlichen Reagentien

Hier sind von der Natur ziemlich enge Grenzen gezogen. So kann man natürlich den rostfördernden Salzgehalt der Seeluft ebensowenig entfernen wie das angreifende Wasser bei Taubildung und Regen. Etwas anders verhält es sich mit den schädlichen Industrieabfällen, wie Schwefel, der z. B. in die Londoner Atmosphäre täglich in Mengen von 1000—2000 Tonnen Schwefelsäure gelangt (E. S. 146). Durch Gaswäscher oder auch durch Verwendung reinerer Kohle lassen sich die Schwefelmengen stark verringern. Bei Benutzung gasförmiger Brennstoffe (Heiz- und Leuchtgas) läßt sich durch Trocknung und Reinigung des Gases der Angriff auf die Gasrohre sehr herabsetzen.

b) Abschließung des Metalls von der Luft durch Deckschichten, Plattierung, Emaillierung oder Galvanisierung

Der am meisten verbreitete Rostschutz an der Atmosphäre ist der Anstrich, der in einem besonderen Abschnitt behandelt wird, so daß hier nur darauf verwiesen zu werden braucht. Zeitweilig schützende Deckschichten an der Luft erzeugt man durch Aufbringen von Fetten (Vaseline, Lanolin), wobei man den Schutz noch dadurch verstärken kann, daß man ebenso wie bei Anstrichen schützende Pigmente, wie Zinkstaub, Aluminiumpulver, Chromate oder auch alkalische Stoffe beimengt (E. S. 164). Die Aufbringung von Plattierungen oder metallischen Überzügen durch Galvanisierung wird wegen der hohen Kosten nur in besonderen Fällen vorgenommen, wie z. B. eine Verchromung von Eßbestecken oder zur Erzeugung besonders dekorativer Metalloberflächen. Auch wenn aus technischen Gründen erhöhte Anforderungen gestellt werden (Schutz gegen angreifende Gase der chemischen Technik, gegen Abgase oder hoch-gespannten Wasserdampf), leisten Chromüberzüge gute Dienste (Gebauer 1940). Es würde zu weit führen, an dieser Stelle nähere Ausführungen über die verschiedensten Nutzanwendungen der galvanischen Schutzschichten (Vernicklung siehe S. 129, Verzinkung S. 124) zu machen. Daher ist der hier herausgegriffene Chromüberzug nur ein Beispiel, das nur dazu dient, um auf ein großes Sondergebiet, das hier schon aus Raummangel nicht behandelt werden kann, zu verweisen. Angaben über die erforderliche Dicke galvanischer Überzüge sind auf Seite 84 gemacht. Auch das Gebiet der Emaillierung, das von Eisenstecken und Hartmann bearbeitet wurde (B. III, S. 314—344), soll hier nur angedeutet werden.

c) Schutz durch metallische Beimengungen

Wegen der großen wirtschaftlichen Bedeutung des Rostens von Eisen an der Luft hat man große Anstrengungen gemacht, durch Beimengungen zum Eisen einen Rostschutz zu erzielen. Hier ist besonders der bereits auf Seite 11 u. 29 erwähnte Kupferzusatz von etwa 0,2% zu nennen. Gekupferter Stahl (Abb. 35) zeigt beim atmosphärischen Angriff einen mit steigendem Kupfergehalt zunehmenden Rückgang der Korrosion, wobei nach Abb. 36 ein Mindestgehalt von 0,2% Cu angewandt werden muß.

Abb. 35. Witterungsverrosteter gekupferter Stahl (B. I. S. 295)

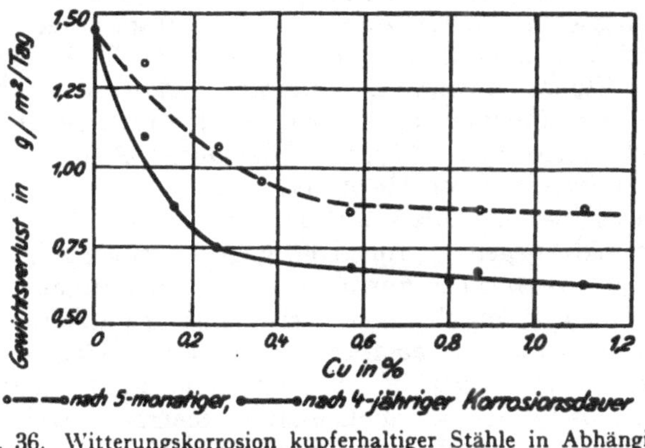

Abb. 36. Witterungskorrosion kupferhaltiger Stähle in Abhängigkeit vom Kupfergehalt (B. I., S. 295)

Wenn auch kein Zweifel darüber besteht, daß durch Kupferzusatz die Rostbeständigkeit von Eisen an der Luft bis um das doppelte gesteigert werden kann, so ist trotzdem dieser Schutz bis heute noch Gegenstand von Meinungsverschiedenheiten. Denn unter ganz bestimmten Bedingungen (z. B. in Eisenbahntunneln, wo möglicherweise eine starke Anhäufung von Verbrennungsprodukten wie SO_2 eingetreten war) rostete der gekupferte Stahl ebenso schnell wie nicht gekupferter (Pohl) (S. 30). Man hat außer dem Kupfer die verschiedensten metallischen (so soll Arsen durch katalytische Verzögerung die Korrosionsbeständigkeit von Gußeisen erhöhen (B. III. S. 380)) und nichtmetallischen Beimengungen verwandt, jedoch ohne durchschlagenden Erfolg.

2. Eisen in Berührung mit Flüssigkeiten bei Zimmertemperatur

a) Bildung schützender Oxydhäute und pH-Einfluß

Die Eigenschaft, schützende Oxydhäute zu bilden, ist beim Eisen sehr viel weniger ausgeprägt als beim Chrom und Aluminium, wo schon die Berührung mit der Luft genügt, um eine schützende (passivierende) Oxydhaut zu erzeugen. Beim Eisen bildet zwar der Luftsauerstoff auch Oxydhäute, aber diese sind nicht dicht und gewähren keinen Schutz. Es gibt in erster Linie zwei Einflüsse, die auch beim Eisen eine rostschützende Oxydhaut bilden, und zwar, wie die folgende Tabelle 16 zeigt, oxydierende Stoffe, vorwiegend Chromat, und alkalisch wirkende Stoffe. Daneben wirken noch einige Stoffe durch Bildung besonderer Schutzschichten (Phosphate, Borsäure). Die Ergebnisse der Tabelle 16 stammen von Heyn und Bauer.

Leider ist der besonders wirksame Schutz durch Chromsäure und Chromate wegen der sonstigen unangenehmen Eigenschaften dieser Stoffe vorwiegend nur in geschlossenen Systemen möglich. So läßt sich z. B. durch einen solchen Zusatz im Autokühler sowohl die Korrosion als auch die Steinabsatzbildung, welche die Kühlwirkung und damit die Leistung verringert, verhindern.

Der alkalische Schutz ist dann mit Sicherheit erreicht, wenn der pH-Wert über 12 ist. Zwischen pH etwa 10—12 hat man einen unzuverlässigen Schutz, der neben der Einheitlichkeit der Oberfläche hauptsächlich von der Anwesenheit korrosionsfördernder Chloride abhängig ist (Tödt 12). Ebenso wie in alkalischen Lösungen wird auch der durch oxydierende Lösungen beim Eisen bewirkte Korrosionsschutz durch Chloride und andere Salze gestört. (B. I. S. 242). Diese Störung kann nach Versuchen des Verfassers soweit gesteigert werden, daß der zunächst erreichte Korrosionsschutz in eine Korrosionserhöhung bis um das 30fache übergehen

Tabelle 16 (B. I, S. 234)

Rostschutz durch anorganische Lösungen

Elektrolyt	Für den Rostschutz erforderliche Konzentration in g/Liter
CrO_3	0,01–0,05
$K_2Cr_2O_2$	0,1
K_2CrO_4	0,1
KJO_3	1
$KBrO_3$	1
$KMnO_4$	1
$NaC_2H_3O_2$	1
KCN	1
$Ca(OH)_2$	0,7
K_3FeCN_6	2
K_4FeCN_6	1—2
$Ba(OH)_2$	3
NaOH	1—10
$Na_2B_4O_7$	10
Na_2HPO_4	10
$NaHCO_3$	10
K_2CO_3	10
$(NH_4)_2HPO_4$	10
Na_2CO_3	10

kann (Tödt 13). Verschiedene andere Stoffe wirken auch noch korrosionsschützend, wenn auch nicht so stark wie Chromate und Alkalien. Hierher gehört z. B. Borax (die Ursache des Schutzes ist in diesem Fall nicht bekannt), Phosphate und Salze des Zinks und anderer Schwermetalle (E. S. 185). Über den ph-Einfluß bei schwach saurer Reaktion siehe Seite 16.

b) Bildung sonstiger Schutzschichten (Karbonate, Phosphate)

Die Benutzung eiserner Leitungsrohre für Leitungswasser ist nur dadurch möglich, daß Schutzschichten aus Calcium- und Eisenkarbonat gebildet werden, deren Schutzwirkung von der Zusammensetzung des Wassers abhängt. Maßgebend ist der Kalkgehalt und die Anwesenheit von angreifender (aggressiver) Kohlensäure, welche mit dem pH-Wert zusammenhängt. Im all-

Tabelle 17 Zusammenstellung der Verfahren

Verfahren	Anwendungsgebiet allgemein	Karbonahärte	Störende Stoffe, Art	Abhilfe
Rieselung	Bei Vorhandensein von: Schwefelwasserstoff, Sauerstoffmangel, Ammoniak, zweiwertigem Eisen und Mangan, sowie organischen Stoffen	In der Regel bei 8—20° dKH und mehr	Organische Stoffe, sehr große Mengen Überschußkohlensäure	Zusatz von Kaliumpermanganat, Zusatz von Kalkwasser, Soda, Natronlauge oder Nachschalten alkalischer Filter
Belüftung	Bei Vorhandensein von: zweiwertigem Eisen und Mangan; bei Fehlen von: Schwefelwasserstoff, organischen Stoffen, Ammoniak und Überschußkohlensäure	In der Regel bei 8—20° dKH und mehr	Organische Stoffe, Schwefelwasserstoff, Ammoniak, Überschußkohlensäure	Nicht restlos zu beseitigen. Vorbehandlung erforderlich, nicht zu entfernen
Marmorrieselung	Sehr weiche bis weiche Wässer mit größeren Gehalten an freier, überschüssiger Kohlensäure (nicht unter 5 mg/l) bei Fehlen von Eisen und Mangan	In der Regel bei 2—7° dKH, selten unter 2 dKH	Organische Stoffe, Eisen und Mangan selbst in Spuren, Schwebestoffe anorganischer und organischer Art	Ohne weitgehende Vorbehandlung nicht zu beseitigen
Magnesitfilterung	Weiche bis mittelharte Wässer mit hohem Gehalt an freier Überschußkohlensäure und gegeringem Eisen- und Mangangehalt	In der Regel bei 2—15° dKH	Zu geringer Gehalt an freier Überschußkohlensäure	Erhöhung der Filtergeschwindigkeit
Magnofilterung	Je nach Brenngrad für weiche bis harte, eisen- und manganhaltige Überschußkohlensäure und organische Stoffe enthaltende Wässer anwendbar	In der Regel 0,5—20° dKH	Anorganische und organische Schwebestoffe, Huminstoffe	Vorfilterung, Fällmittelzusatz im Direktverfahren
Kalkwasserbehandlung	Weiche, eisen- und manganarme, jedoch nicht kohlensäurearme Wässer	In der Regel 2—8° dKH	Zweiwertige Eisen- und Manganverbindungen sowie Huminstoffe	Vorbehandlung, Belüftung erforderlich
Natronlauge- und Sodabehandlung	Härtere und zugleich kohlensäurereiche Wässer, bei denen keine Härteerhöhung erwünscht ist	In der Regel über 10° dKH	Eisen, Mangan, Sauerstoffmangel, Schwefelwasserstoff, Ammoniak, organische Stoffe.	Belüftung mit angeschlossenem Kiesfilter, Fällmittelzusätze im Direktverfahren

zur Regelung des Säuregrades.

Veränderung der Wasserbeschaffenheit	Technische Erfordernisse	Vorteile	Nachteile
Luftsauerstoffanreicherung, Beseitigung der Überschußkohlensäure, Überführung von Eisen und Mangan in ausscheidbare Form, Beseitigung eines Teiles der organischen Stoffe u. U. Unterschreitung des Kalk-Kohlensäuregleichgewichts und Härteausscheidung	Pumpen für Roh- und Reinwasser, größere Gebäude, Schutz gegen Kälte und Zutritt von Verunreinigungen. Nachgeschaltete Kiesfilter mit Rückspülung	Selbsttätige Einstellung des Kalk-Kohlensäuregleichgewichts. Ausreichende Sauerstoffaufnahme, Vorbereitung und Durchführung der Enteisenung und Entmanganung. Keine Härtezunahme, Schutzschichtbildung möglich	Verhältnismäßig hohe Bau- und Betriebskosten
Überführung von Eisen und Mangan in ausscheidbare und meist filtrierbare Form. Luftsauerstoffanreicherung gering	Ausreichende und reine Druckluft, gut rückspülbare Filter. Selbsttätige Entlüftungseinrichtungen	Geringe Bau-, Betriebs- und Wartungskosten, Schutz gegen nachteilige äußere Einflüsse. Keine Härtezunahme, Enteisenung und Entmanganung	Meist sauerstoffarmes Reinwasser, Lufttrübung. Unzureichende schutzschichtbild. Eigenschaft
Beseitigung der Überschußkohlensäure und Einstellung des Kalk-Kohlensäuregleichgewichts. Härtezunahme	Offene, von unten nach oben betriebene Filter verschiedener Korngröße. Gleichmäßige Belastung der Filter Voraussetzung	Selbsttätige Einstellung des Kalk-Kohlensäuregleichgewichts. Härtezunahme: 0,128° d_{CaH} je g abgebundene Kohlensäure. Schutzschichtbildung	Sehr geringe Filtergeschwindigkeiten, daher hohe Baukosten
Enteisenung, Entmanganung, Beseitigung der Überschußkohlensäure und Einstellung des Kalk-Kohlensäuregleichgewichts. Härtezunahme, Steigerung des Calcium- und Magnesiumgehalts	Offene oder geschlossene Anlagen mit Rückspülung und Regelung der Belastung, d. h. Anpassung der Filtergeschwindigkeit an die zu behandelnde Wassermenge	Selbsttätige Einstellung des Magnesium - Kohlensäure - Gleichgewichts. Härtezunahme: 0,128° d_{MgH} je g abgebundene Kohlensäure, unabhängig von Eisen und Mangan. Schutzschichtbildung	Enthärtung, Verbackung der Filtermasse bei zu geringem CO_2-Gehalt und zu geringer Filtergeschwindigkeit
Enteisenung, Entmanganung, Beseitigung der Überschußkohlensäure und Einstellung des Kalk-Kohlensäuregleichgewichts. Härtezunahme, Steigerung des Calcium- und Magnesiumgehalts	Offene oder geschlossene Anlagen mit guter Rückspülung. Ausreichende Belüftung meist nötig	Selbsttätige Einstellung des Kalk-Kohlensäuregleichgewichts. Härtezunahme: 0,085° dKH je g abgebundene Kohlensäure. Unabhängig von Eisen und Mangan. Schutzschichtbildung, hohe Filtergeschwindigkeit möglich	Bei unsachgemäßer Anwendung und Bedienung bei harten Wässern Verbackungen
Beliebige Einstellung des Kalk-Kohlensäuregleichgewichts auf den gewünschten Wert, Beseitigung der Überschußkohlensäure, Härtezunahme	Ausreichende Belüftung Voraussetzung. Filter nachschalten bei Enteisenung und Entmanganung. Zumeßeinrichtungen, Geräte für die Herstellung gleichmäßig starken Kalkwassers	Einstellung einer beliebigen Säurestufe. Geringe Härtezunahme: 0,064° d_{CaH} je g abgebundene Kohlensäure. Schutzschichtbildung	Verhältnismäßig hohe Bau-, Bedienungs- und Betriebskosten
Steigerung der Alkalität ohne Härtezunahme	Zumeßeinrichtungen, Filter mit Rückspülung erforderlich, Belüftung meist nötig	Einstellung einer beliebigen Säurestufe. Keine Härtezunahme, Schutzschichtbildung	Laufende Überwachung und verhältnismäßig hohe Chemikalienkosten

gemeinen können Wässer, welche etwa 7° deutsche Härte besitzen und dabei sonst normal zusammengesetzt sind (keine übermäßigen Mengen aggressiver Kohlensäure, keine saure Reaktion), bei verzinktem Eisen als schutzschichtbildend gelten (R. S. 298). Wasser, welches diesen Anforderungen nicht genügt, muß aufbereitet werden. Bei der Aufbereitung kommt es im wesentlichen darauf an, den Säuregrad so zu beeinflussen, daß eine Schutzschichtbildung eintritt. Eine Zusammenstellung der hauptsächlichsten Aufbereitungsmaßnahmen enthält die folgende Tabelle 17, welche dem Buch von L. W. Haase über Werkstoffzerstörung und Schutzschichtbildung im Wasserfach entnommen ist (Haase 5, S. 152 bis 153).

Der Schutz des Eisens durch Phosphatschichten geschieht nach dem Parker-Verfahren durch Einwirkung von Gemischen, bestehend aus konzentrierter Phosphatlösung und Schwermetallphosphaten. Es bilden sich Phosphatschichten, welche die Korrosion verringern. Der Hauptwert der so vorbehandelten Eisenoberfläche besteht darin, daß die Anstriche auf der phosphatierten Oberfläche besser haften und die Schutzwirkung der Anstriche erhöht wird. Aus dem ursprünglichen Parkerverfahren sind eine Reihe von Schnellverfahren entwickelt worden, bei denen z. B. durch weitere Zusätze eine Beschleunigung der zur Deckschichtbildung erforderlichen Eisenauflösung erreicht wurde (Bondern, Atramentverfahren usw. (B. III, S. 362—364). So läßt sich durch depolarisierend wirkende Nitrate eine so große Beschleunigung erreichen, daß ein Aufspritzen oder Aufstreichen der schützenden Schicht ermöglicht wird. Wenn eine Nachbehandlung mit Lacken nicht vorgenommen werden kann, ist nach dem Parkerbad eine Einwirkung von Kaliumbichromat oder Chromsäure vorteilhaft. Eine besonders wichtige Rolle als Korrosionsschutz spielen ferner korrosionsschützende Phosphatschichten im Warmwasser (S. 99).

c) Schutz gegen Säure durch organische Stoffe (Inhibitorwirkung)

Die Berührung von Eisen mit Säuren kommt in der chemischen Technik häufig vor und besitzt außerdem für das Beizen großes praktisches Interesse. Man beizt bekanntlich das Eisen mit starker

Säure, um unerwünschte, für die weitere Verarbeitung schädliche Oberflächenbestandteille, meist Eisenoxyde, zu entfernen (Walzhaut, Zunder). Hierbei besteht die Gefahr, daß auch das Eisen stark angegriffen wird. Um diesen Angriff herabzusetzen, setzt man Schutzstoffe, sogenannte Inhibitoren hinzu. Diese Stoffe sind meist organischer Natur und können chemisch sehr verschieden sein. Im großen und ganzen handelt es sich hierbei um Aldyhyde, stickstoff- und schwefelhaltige Körper sowie ganz allgemein um die verschiedensten aliphatischen und aromatischen Produkte (Ammer).

Untersuchungen, welche sich auf die Theorie der Bedeckungspassivität von W. J. Müller stützen und wertvolle Aufklärungen über die Art und Weise und den Mechanismus dieser Schutzwirkungen lieferten, wurden von Machu ausgeführt (Machu). Hiernach bilden die Inhibitoren Oberflächenschichten mit einer großen Anzahl sehr enger Kanäle, deren Existenz durch auffallend niedrige Temperaturkoeffizienten wahrscheinlich gemacht wird. Der Korrosionsschutz durch nur etwa 0,1% des Schutzstoffs kann hierbei z. B. in 20%iger Schwefelsäure 95% und darüber betragen.

d) Sonstiges Schutzmaßnahmen gegen Säuren

Abgesehen von Einzelfällen, wie z. B. dem Rückgang der Säurelöslichkeit von Edelstählen (V2A und V4A) auf das 100 bis 1000fache durch Zusatz von 1% eines Quecksilbersalzes (R. S. 189), wird der Angriff von Säuren auf Eisen vorwiegend durch Veränderung der Zusammensetzung des Metalls bekämpft. Hier ist zunächst ein Zusatz von Chrom zu nennen, wobei es bemerkenswert ist, daß in Berührung mit verdünnter Schwefelsäure 12% Chrom noch unwirksam sind, wähsend bei 13% Chrom plötzlich die Veredlung auftritt, erkennbar an einem ruckartigen Potentialanstieg (Abb. 37, B. I. S. 455).

Tritt zum Chrom noch 8% Nickel hinzu, so haben wir den bekannten korrosionsbeständigen V2A-Stahl. Je nach der besonderen Art der chemischen Beanspruchung kann die Zusammensetzung, welche die Eisenlegierung haben muß, um einen Korrosionsschutz zu bieten, sehr verschieden sein. So sind z. B. Nickelstähle in Berührung mit Stickoxyden und Natronlauge brauchbar, sowie nickelfreie Chromstähle je nach der Art weiterer Zusätze (siehe auch Abschnitt II, B, 5, a), wie Molybdän, Mangan und Vanadium, säure-, rost- oder zunderbeständig (Waeser). Steigt der Chromgehalt über 16%, so ist der Stahl völlig passiv. Neuerdings werden 18%ige Chromstähle an Stelle von Bronze (z. B. in der Zuckerindustrie und im Schiffbau) benutzt (Scherer).

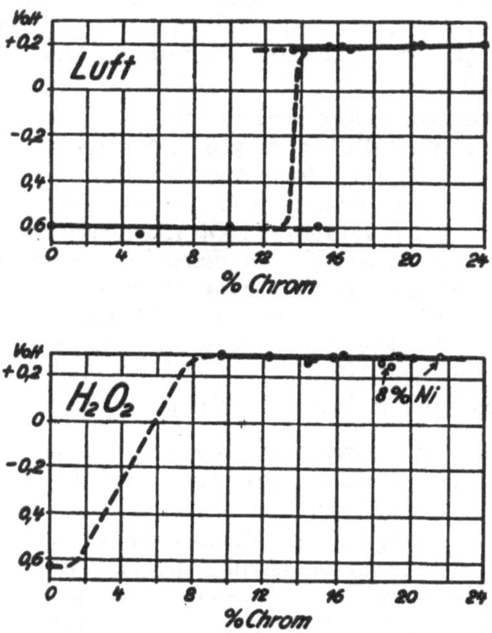

Abb. 37. Potential von Eisen-Chromlegierungen in Luft und bei Anwesenheit von H_2O_2 (bezogen auf das Wasserstoffpotential). (B. I., S. 455)

e) Schutz gegen Angriffe, die durch biologische Einflüsse (Plankton) verursacht sind

Eine von der normalen Korrosion abweichende Erscheinung ist ein biologisch bedingter Angriff, indem durch Kleinlebewesen an Eisenoberflächen entweder direkt (durch Atmung oder Sauerstoffverbrauch) oder indirekt (durch Ablagerung auf der Metallfläche und dadurch bedingten Luftabschluß) Stellen mit wenig Sauerstoff entstehen, wodurch Lokalelemente gebildet werden. Chloramin schafft durch Tötung der Lebewesen Abhilfe (Haase 6).

f) Schutz gegen nichtwäßrige Flüssigkeiten z. B. Petroleum

Sowohl in Berührung mit organischen Flüssigkeiten, wie Öl und Benzin (Fry 2), als auch in Verbindung mit anorganischen Flüsssigkeiten, wie schweflige Säure (Roll 1), wird die Korrosion meistens durch geringen Wassergehalt verursacht. Man muß also Mittel und Wege suchen, um das Wasser zu entfernen. Dies kann aber nur gelingen, wenn man zunächst einmal eine brauchbare Methode hat, um die geringen Wassermengen zu messen. Denn man muß jede Maßnahme, welche dazu dienen soll, das Wasser zu entfernen, dadurch kontrollieren, daß man den Wassergehalt der Ausgangsprodukte vergleicht. In diesem Falle ist die Verbindung zwischen Korrosionsmessung und Korrosionsverhütung so eng, daß man sich mit einer Verhütung überhaupt erst beschäftigen kann, wenn man vorher ganz bestimmte Meßmethoden ausgearbeitet hat

Nach Tabelle 15, Seite 80 können geringe Wassermengen auch stark korrosionsverzögernd wirken und zwar bei organischen Säuren, wie Propion- und Buttersäure. Die Ursache für dieses Verhalten besteht vermutlich darin, daß in diesem Falle die ersten Wasserspuren die Aktivität der Wasserstoffionen, oder was dasselbe ist, die Stärke der Säurewirkung stark verringern. Dieser Effekt ist als Hydratationseffekt (Wasserbindung) anzusehen und läßt sich nach Versuchen des Verfassers durch eine um eine Anzahl von Zehnerpotenzen gesteigerte Wirksamkeit von H^+ und OH^- Ionen, die von ihrer Wasserhülle befreit werden, nachweisen (Tödt 14).

Zum Schutz von Ölbehältern wird auch ein kathodischer Schutz empfohlen (Bond), der allerdings ohne eine erhebliche Leitfähigkeit des Öls nicht möglich ist. Bei der Destillation von Rohpetroleum beseitigt man mit Kalk Schwefelverbindungen und durch Ammoniak die Salzsäure. Nach der Tabelle 18 läßt sich durch einen solchen Kalkzusatz die Korrosion durch Rohöl auf das 10—50fache verringern.

Tabelle 18 (R. S. 188)

Einfluß eines Kalkzusatzes auf die Korrosion

Ort der Korrosion	Abgefressene Schicht in mm/Jahr	
	ohne Zusatz	mit Zusatz von 1–1,2 g $Ca(OH)_2$ pro 1 Rohöl
Flüssigkeitsraum der Blase	4,88	0,55
Gasraum der Blase	3,80	0,19
Boden des Waschturms	3,58	0,07

3. Eisen in Berührung mit Flüssigkeiten von höherer Temperatur

a) Warmwasserleitungen

Wie bereits auf Seite 20 betont wurde, ist die Warmwasserkorrosion ein Problem, das noch ungelöste Fragen enthält und zu wirtschaftlich sehr fühlbaren Verlusten Anlaß gibt. Die Anstrengungen, die man gerade in neuster Zeit zur Abhilfe macht, sind sehr groß, aber bisher nicht immer erfolgreich. Schon die Korrosionsursache ist eine Frage, deren völlige Klarstellung noch fehlt. Als Hauptgrund für das Auftreten der Warmwasserkorrosion kommt ebenso wie beim Kaltwasser zunächst der Sauerstoff in Betracht. Hierauf ist das von Daeves (B. I. S. 331) festgestellte verschiedene Verhalten von Hochdruck- und Niederdruckboilern zurückzuführen. Im Hochdruckboiler traten wesentlich stärkere Angriffe auf, weil die in Niederdruckboilern vorhandene Entlüftung fehlt und Luftblasen sich ansetzen können.

Eine wirksame Verhütungsmaßnahme ist die chemische Beseitigung des Luftsauerstoffs durch Natriumsulfit. Da die Umsetzung mit dem Sauerstoff bei den im Warmwasser vorhandenen Temperaturen eine gewisse Zeit benötigt (Haase 7), muß nach dem Zusatz genügend Zeit für diesen Umsatz vorhanden sein. Eine Nichtbeachtung dieses Umstandes hat des öfteren zu Rückschlägen geführt. Es ist weiterhin notwendig, laufend dem Warmwasser die je nach der Entnahme richtige Sulfitmenge zuzusetzen. Hierzu müssen automatische Vorrichtungen vorhanden sein, welche diesen Zusatz der sehr stark schwankenden Warmwasserentnahme anpassen. Bei einfachen Dosierapparaten war die Zuverlässigkeit nicht in allen Fällen ausreichend, und völlig sicher arbeitende Anlagen sind teuer (etwa 2000 Mk.).

Weitere Schutzmaßnahmen gegen die Warmwasserkorrosion gingen von der Tatsache aus, daß ebenso wie im kalten auch im warmen Wasser unter bestimmten chemischen Bedingungen eine Schutzschichtbildung stattfindet, wenn auch wesentlich schwieriger als im kalten Wasser. Eine bemerkenswerte Begünstigung dieser Schutzwirkung ist durch Phosphat möglich. Die Schwierigkeit besteht darin, daß die zweckmäßigste Höhe des Zusatzes je nach der Wasserbeschaffenheit verschieden sein kann (Haase 2, S. 152,

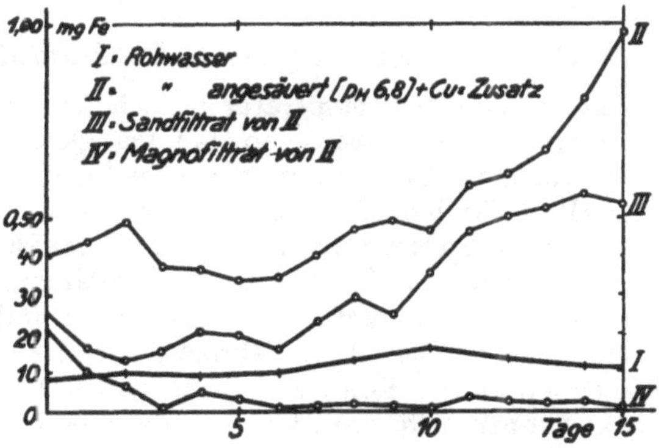

Abb. 38. Günstige Wirkung einer Sand- und Magnofiltration auf die durch gelöstes Kupfer bedingte Eisenkorrosion (Haase 3, S. 156)

Haase 5, S. 128 u. 164). Eine Phosphatschutzschicht behält, wenn sie sich einmal gebildet hat, ihre Wirksamkeit längere Zeit bei. In manchen Fällen hat der Phosphatschutz versagt; es ist aber noch eine offene Frage, ob es sich hierbei um falsche Anwendung des Verfahrens handelt, oder ob manchmal ein Phosphatschutz grundsätzlich nicht möglich ist.

Ein Gehalt des Warmwassers an gelöstem Kupfer (kupferne Heizschlange oder kupferner Warmwasserboiler) verursacht nach Haase starke Korrosion (Haase 1, 1940). Dasselbe gilt auch von anderen als Trübung vorhandenen Substanzen, welche lokalelementfördernd wirken. Eine Ausschaltung dieser Schäden gelingt durch eine Filtration über eine geeignete Masse. Hier hat sich nach Haase die Magnofiltration besonders bewährt (Abb. 38), welche neben einer filtrierenden eine Kupfer zurückhaltende sowie eine alkaliabgebende und schutzschichtfördernde Wirkung auf Warmwasser hat.

Auf einem gänzlich anderen Wege bekämpft man durch Zusatz von 0,5—1% eines sich emulgierenden Öls zum umlaufenden Wasser die Warmwasserkorrosion (Casali 1940). Ferner werden auch eine Reihe von elektrischen Verfahren für den Korrosionsschutz von Warmwasser vorgeschlagen und benutzt. (Näheres siehe am Schluß des folgenden Abschnittes über die Verhütung der Korrosion im Dampfkessel).

b) Die Verhütung der Korrosion im Dampfkessel

Im Dampfkessel sind die Temperaturen noch wesentlich höher als bei der Warmwasserkorrosion, so daß bei gleicher Wasserbeschaffenheit mit einer Verstärkung der Angriffe zu rechnen ist. Das gilt vor allem für den Sauerstoff, dessen Ausschaltung im Kessel die erste Voraussetzung für den Kesselschutz ist. Je höher die im Kessel herrschenden Drucke und Temperaturen sind, um so größer sind die Anforderungen an die Beschaffenheit des Speisewassers. Beim Hochdruckkessel für Fabrikationsbetriebe, in denen bei Gegendruckbetrieb das Kondensat nicht oder nur in geringem Maße wiedergewonnen wird, ist die Wasseraufbereitung bereits so kompliziert, daß sie mit einer besonderen chemischen Fabrik verglichen werden kann.

Hierbei muß neben der restlosen Entfernung des Sauerstoffs ein pH-Wert eingehalten werden, der bei den hohen Temperaturen das Eisen nicht angreift. Bei pH-Werten unter 9 soll das Wasser völlig entgast sein. Bei 0,5 mg Sauerstoff im Liter muß der pH-Wert 9,6 und bei 1 mg Sauerstoff sogar 12,4 (ein so hoher pH-Wert ist jedoch wegen der hohen Alkalikonzentration schädlich) betragen, wenn die Fläche beheizt ist (Splittgerber 2). In der nebenstehenden Abb. 39 ist diese Beziehung unter Berücksichtigung der erforderlichen Natronlaugemenge dargestellt.

In modernen Hochdruckkesseln ist der Sauerstoff um so schädlicher, je höher die Drucke und Temperaturen sind. Bei einem Druck von über 40 Atmosphären soll der Sauerstoff durch Entgasung praktisch restlos entfernt werden (Splittgerber 3, S. 11).

Es ist daher wichtig, diese geringen Sauerstoffgehalte genau festzustellen. Nach den Richtlinien für Wasseraufbereitungsanlagen (Obmann A. Splittgerber) gilt als Grenze der Meßgenauigkeit 0,025 mg/Liter. Dieser Wert soll bei Kesselanlagen von über 40 Atmosphären Druck nicht überschritten werden (Splittgerber 4). Zur laufenden Messung geringer Sauerstoffmengen läßt sich durch die vom Verfasser vorgeschlagene und auf Seite 67 erwähnte Stromstärkemessung eine wesentlich vereinfachte Überwachung des Sauerstoffgehaltes im Hochdruckkessel durchführen (die von der Firma Chlorator entwickelte Apparatur ist in den meisten Großkraftbetrieben Deutschlands eingebaut), so daß ältere umständlichere und kostspieligere Verfahren der laufenden Sauerstoffregistrierung verlassen wurden.

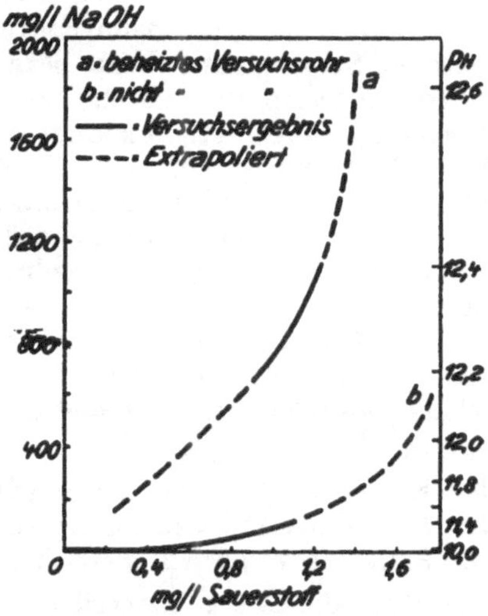

Abb. 39. Zusammenhang zwischen Sauerstoffgehalt und Mindestschutzalkalität eines Wassers (pH bei 23°). (Nach Versuchen von Einsler und Tietz.) (Splittgerber 2, S. 184)

Im Hochdruckkessel (ab 60 Atmosphären = 275°) können Korrosionen durch Schwefelwasserstoff, der von zugesetzten Sulfiten stammt, entstehen. Eine erfolgreiche Bekämpfung des Schadens gelang durch Verwendung widerstandsfähigerer Werkstoffe (Chromstahl). Ferner wurde der Sulfitgehalt erniedrigt (Wesly 1940). Bei derart hohen Drucken im Kessel besteht die Gefahr, daß Karbonate zu einem Angriff durch Kohlensäure Anlaß geben, so daß man bei einem Druck von über 50 Atmosphären karbonatfreies Wasser verwenden muß (Splittgerber 3, S. 27). Angriffe durch Überhitzung infolge von Dampfstauungen werden durch konstruktive Maßnahmen oder durch einen Schutzüberzug der gefährdeten Teile bekämpft (Partridge 1940).

Über die nach den Ausführungen auf Seite 60 mit Unrecht als Laugensprödigkeit bezeichnete Kesselkorrosion sagt Splittgerber folgendes: „Früher häufig beobachtete Korrosionen, die regellos auch durch die Korngrenzen hindurch verliefen (interkrystalline Korrosion), verursachten ein Brüchigwerden des Werkstoffes und werden als Laugenbrüchigkeit bezeichnet. Solche Laugenbrüchigkeit kann jedoch erst dann eintreten, wenn der Kesselwerkstoff über die Streckgrenze hinaus beansprucht war und wenn sich die Natronlauge auf mehr als 35% angereichert hat, was im normalen Kesselbetrieb niemals vorkommt. Dagegen ist solche Anreicherung möglich in Nietnähten, die nach außen undicht sind, in denen sich also unter Verdampfung des Wassers nach außen hin der Gesamtsalzgehalt des Kesselwassers und damit auch der Ätznatrongehalt stark anreichern kann. Laugenbrüchigkeit soll verhütet werden durch Einhaltung eines bestimmten Alkali-Sulfatverhältnisses: Berechnet man die gesamte Alkalität (m-Bestimmung, d. h. Titration mit Methylorange) auf Soda (Na_2CO_3) und den gesamten im Wasser vorhandenen Sulfatgehalt auf Natrium-Sulfat (Na_2SO_4), so gilt

für Kessel bis 10,5 atü Betriebsdruck: $Na_2CO_3 : Na_2SO_4 = 1 : 1$.
für Kessel bis 17,5 atü Betriebsdruck: $Na_2CO_3 : Na_2SO_4 = 1 : 2$,
für Kessel über 17,5 atü Betriebsdruck: $Na_2CO_3 : Na_2SO_4 = 1 : 3$.

Der Wert dieses sog. „amerikanischen Verhältnisses" ist aber in Deutschland und auch in Amerika selbst schon seit langer Zeit wieder sehr umstritten.

Auf ganz andere Ursachen (eisenangreifende Lösungen) sind „Korrosionsdauerbrüche" zurückzuführen. Sie sind fast immer eine Folge zu hoher Spannungen und verbunden mit einer allgemeinen Korrosion im Kerbgrund, wobei sich Spannung und Korrosion wechselseitig verstärken." (Splittgerber 5.)

Bei Anwesenheit von Phosphat kann die Natronzahl im Kessel (unter Natronzahl versteht man die Anzahl mg NaOH/Liter + mg Soda : 4,5/Liter) von 400 bis 2000 auf 100 bis 400, also um etwa das 4fache herabgesetzt werden (Splittgerber 3, S. 18). Es ist zweckmäßig, das hauptsächlich zur Restenthärtung dienende Phosphat dem Kesselwasser in solcher Menge zuzusetzen, daß ein Überschuß von 10—50 mg P_2O_5/Liter vorhanden ist (Splittgerber 3, S. 18).

Die Beständigkeit gegen Laugensprödigkeit wird besonders stark durch einen Gehalt des Kesselstahls an Aluminium (Izette-Stahl von Krupp) erhöht, auch wirkt sich eine Wärmebehandlung (z. B. Abschrecken und nachfolgendes Anlassen auf 650°) günstig aus (Athavale 1940, S. 132) (Ruttmann).

Es gibt eine Reihe von elektrischen Schutzverfahren für Kesselwände, welche zur Verhinderung von Kesselstein und von Korrosionen dienen sollen. Der Strom wird hierbei in der verschiedensten Weise angewandt (Gleichstrom, Wechselstrom, überlagerter Wechselstrom) (Splittgerber 6). Beim Cumberlandverfahren wird z. B. der Kessel als Kathode geschaltet. Ein für Warmwasserversorgungsanlagen entwickeltes Elektroschutzverfahren der Permutit A.G. benutzt eine Anode aus Aluminium, welches sich in etwa einem Jahr auflöst. Bei diesem Verfahren erfolgt eine automatische Feindosierung von Aluminiumsalz zum Wasser, wodurch möglicherweise die Schutzschichtbildung verbessert wird. Von der elektrischen Korrosionsverhütung gilt in besonders hohem Maße, daß es vielfach nicht möglich ist, die Gründe für einen Erfolg oder Mißerfolg anzugeben (Splittgerber 6).

c) Weitere Korrosionsverhinderungen in Berührung mit Flüssigkeiten bei höherer Temperatur

Vor allem in der chemischen Industrie hat man es vielfach mit dem Angriff durch starke chemische Mittel (z, B. Säuren und Alkalien) zu tun. Man schützt sich hiergegen in erster Linie durch Verwendung geeigneter Werkstoffe (Keramische Werkstoffe, Glas, Porzellan, Auskleidung mit säurefestem Material usw.). Vor allem finden hier die auf Seite 95 u. 96 besprochenen Edelstähle Verwendung. Ein besonders reichhaltiges Material über die bei verschiedener chemischer Beanspruchung zu verwendenden Metalle enthalten die Korrosionstabellen von Ritter. Hier ist die Korrosion in g/m² Tag von über 700 Metallen und Metallegierungen durch eine große Anzahl der verschiedensten wäßrigen und nicht wäßrigen Angriffsmittel in Form übersichtlicher Tabellen zusammengestellt (Ritter). Wie stark schützend sich unter ganz speziellen Bedingungen ein Zusatz zum Eisen auswirken kann, zeigt die Abbildung 40 (Roll 2). Man sieht, wie das Eisen, welches in kochender

Salzsäure sich stürmisch auflöst, mit steigendem Siliciumgehalt praktisch völlig beständig wird, wobei der sprunghafte Abfall des Angriffs zwischen 11 und 14% Silicium bemerkenswert ist.

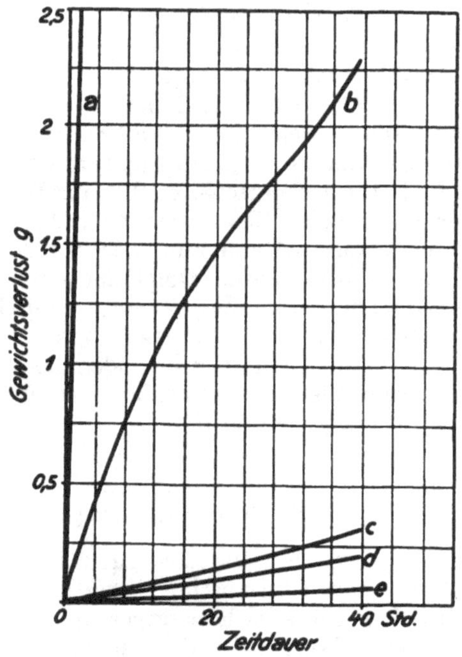

Abb. 40. Einwirkung von 5%iger siedender Salzsäure. a = Grauguß, legiert. b = 11%iger Si-Guß. c = 14%iger Si-Guß. d = 15%iger Si-Guß, e = 17%iger Si-Guß. (Nach W. Dennecke: Gießerei 1928, S. 307.) (Roll 2)

4. Bekämpfung der interkristallinen Korrosion und der Korrosionsermüdung

Im Abschnitt II, B, 3, b über die Kesselkorrosion ist bereits eine Art der interkristallinen Korrosion (die sogenannte Laugensprödigkeit) als ein Zusammenwirken mechanischer und chemischer Korrosion gekennzeichnet. Dieser Angriff läßt sich, wie es im

Kessel geschieht, zunächst durch chemische Zusätze zum angreifenden Mittel verhüten. Außer Phosphat können hier alle Zusätze, die auch sonst die Korrosion herabsetzen, nützlich sein. So hat man Chromate mit Erfolg benutzt.

Die älteste Maßnahme zur Abwehr besteht indessen in einer Wärmebehandlung der geschweißten Teile (B. I 460). Wichtig ist ferner eine Herabsetzung des Kohlenstoffgehaltes, den man auch als schwerlösliches Karbid abbinden kann (B. I. S. 460). Abb. 41 zeigt die Wirksamkeit dieser Maßnahmen. Weitere Angaben über die Vermeidung der interkristallinen Korrosion sind im Abschnitt I, C, 1, b gemacht. Hier sind in Tabelle 7 die zur Abbindung verschiedener C-Mengen erforderlichen Titanmengen enthalten.

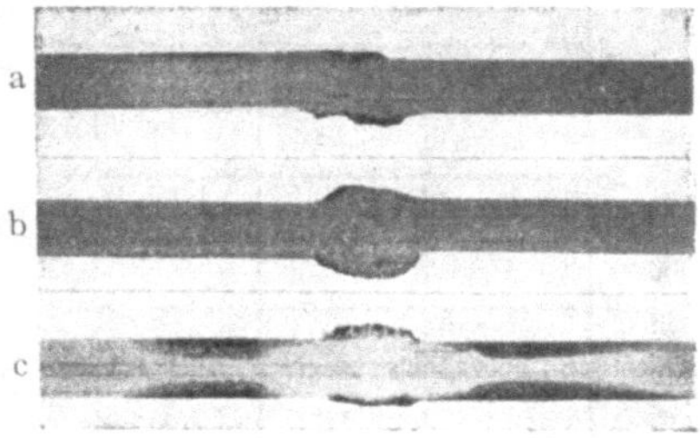

Abb. 41. Querschliffe von Schweißproben von V2A-Stahl. a) Normaler C-Gehalt. b) Niedriger C-Gehalt. c) C-Gehalt als Einschlußkarbid abgebunden. (350 Stunden in schwefelsaurer $CuSO_4$-Lösung erhitzt (B. I., S. 460)

Bei der Korrosionsermüdung (Abschnitt I, C, 4, a) handelt es sich um ein plötzliches, durch chemischen Angriff gefördertes Zubruchgehen von Metallen, obwohl das Material an sich bei der mechanischen Beanspruchung, der es ausgesetzt ist, halten müßte. Da der Angriff in feinsten Rissen, die zunächst mechanisch entstehen können, einsetzt und dann durch Vergrößerung der Risse schnell ins Innere dringt, sind alle Maßnahmen zur Verhütung der interkristallinen Korrosion erfolgversprechend für die die Bekämpfung der Korrosionsermüdung.

5. Eisen in Berührung mit heißen Gasen

a) Schutz durch Veränderung des Metalls

Bei metallurgischen Prozessen und bei der Wärmebehandlung kommen die Metalle mit heißen Gasen in Berührung, welche mit der Oberfläche reagieren. Außer den hier im Vordergrund stehenden oxydierenden Einflüssen (Zunderbildung) wirkt auch Wasserstoff dadurch sehr schädlich, daß er imstande ist, bei hoher Temperatur sich mit dem im Eisen vorhandenen Kohlenstoff umzusetzen (Entkohlung, näheres hierüber im Abschnitt I, B, 5, c über Korrosion in heißen Gasen). Die Maßnahmen zur Verhütung werden auch hier in zwei Richtungen vorgenommen, einmal durch Verbesserung des Materials und zweitens durch Unschädlichmachung des korrodierenden Mediums, also hier der angreifenden Atmosphäre. Die Tabellen 19 und 20 lassen erkennen, wie ein Chrom- und Nickelzusatz zum Eisen zwischen 700 und 1000° hervorragend schützend wirkt.

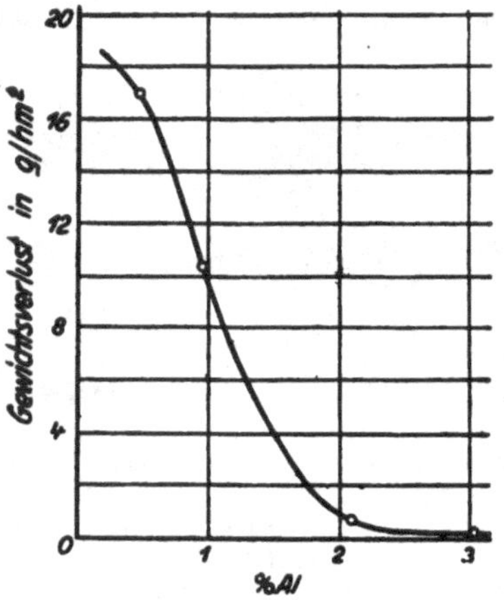

Abb. 42. Einfluß des Aluminiumgehaltes auf die Zunderbeständigkeit eines 6%igen Chromstahles (0,15% C, 0,5% Mo) in Luft bei 800° Celsius (Versuchsdauer 120 Stunden). (B. I., S. 487)

Gegen feuchtes oder trocknes Schwefeldioxyd bei 1000° verhalten sich Eisenlegierungen mit 30 bis 50% Chrom gut (E. S. 115). Gegen Verzunderung mit $N_2 - H_2S$- und $H_2 - H_2S$-Gemischen sind Eisenlegierungen mit Aluminium und Chrom besonders korrosionsfest (Baukloh 2). Speziell gegen Verzunderung ist ferner ein Gehalt an Silicium und Aluminium günstig, wobei die Wirksamkeit dieser Zusätze mit sinkendem Chromgehalt zunimmt. Die Abb. 42 zeigt den günstigen Einfluß eines steigenden Aluminiumgehaltes auf die Zunderbeständigkeit eines 6%igen Chromstahls.

b) Schutz durch Veränderung der Gasatmosphäre

Die zweite Möglichkeit, einer Korrosion durch heiße Gase entgegenzuwirken, besteht in einer Veränderung der Gasatmosphäre. So können schädliche Gase ersetzt werden. Z. B. kann das Oxydationsvermögen von CO_2 durch Zufügung von CO und H_2 bekämpft werden (E. S. 119). Bei gasförmigen Brennstoffen kann

Tabelle 19 (B. I, S. 488)

Zusammensetzungen einiger von W. H. Hatfield geprüfter Legierungen

Stahlbezeichnung	Stahltype	C %	Si %	Mn %	Ni %	Cr %	W %
G	Unlegiert	0,17	0,18	0,67	—	—	—
K	Cr-Stahl	0,32	1,32	0,25	0,29	13,2	—
J	Cr-Si-Stahl.........	0,50	3,04	0,37	0,16	8,28	—
L	Cr-Stahl	0,09	0,37	0,39	0,26	18,5	—
N	Cr-Ni-Stahl	0,12	0,31	0,28	8,06	17,7	—
P	Cr-Ni-Li-Stahl......	0,58	4,00	0,36	8,14	15,54	—
Q	Cr-Ni-W-Stahl......	0,30	1,46	0,52	7,0	17,7	4,23
R	Ni-Cr-Fe-Legierung .	0,06	0,71	0,89	60,4	11,7	—

man durch bestimmte Regelungen des Gasstromes dem Gas eine solche Zusammensetzung erteilen, daß es sich einem bestimmten Stahl gegenüber neutral verhält (E. S. 120).

Ganz besondere Beanspruchungen durch heiße Gase sind in der chemischen Industrie vorhanden. Bei der Ammoniak-Salpetersäure- und Treibstoffgewinnung befinden sich Stickoxyde, Ammoniak und Wasserstoff bei hohen Drucken und Temperaturen in Berührung mit Metallflächen. In Berührung mit Wasserstoff von 250 Atmosphären ist ein 5%iger Chrommolybdänstahl brauchbar (Schiffler S. 385). Auch bei der Treibstoffgewinnung, wo eine Beständigkeit gegen H_2S und SO_2 bei hohen Temperaturen verlangt wird, arbeitet man mit Sonderstählen. Bereits wesentlich besser als gewöhnlicher Stahl verhalten sich unter diesen Bedingungen Chromnickelstähle und den weitaus besten Korrosionsschutz erreicht man mit einem Stahl, der 23% Chrom und 3% Aluminium und Silicium enthält (Schiffler S. 389).

C. Korrosionsverhütung von Aluminium und Magnesium.

1. Aluminium unter atmosphärischen Bedingungen

An der Luft bedeckt sich Aluminium mit einer gut haftenden schützenden Oxydhaut, so daß hierdurch ein wirksamer Schutz

Tabelle 20 (B. I, S. 489)

Verhalten von Legierungen in oxydierenden Gasen (nach Hatfield)
Gewichtszunahme in g/m² in 24 Stndnden

Stahlbezeichnung (Zusammensetzung s. Tabelle 19)	Gas	Temperatur 700°	800°	900°	1000°
G	O_2	104	298	834	1709
	H_2O	37	220	749	2310
	CO_2	100	367	749	930
	SO_2	99	416	1770	—
K	O_2	2,2	19	28	913
	H_2O	5,2	5,7	149	348
	CO_2	8,1	8,7	160	623
	SO_2	4,0	10,0	99	586
J	O_2	2,6	17	21	29
	H_2O	3,4	5,4	9,5	14
	CO_2	2,5	2,1	4,3	8,4
	SO_2	5,2	13	45	32
L	O_2	6,0	7,4	19	29
	H_2O	2,4	5,8	20	33
	CO_2	2,4	7,6	29	30
	SO_2	4,5	5,5	8,2	14
N	O_2	11	11	27	57
	H_2O	2,4	5,0	61	175
	CO_2	3,9	11	33	59
	SO_2	14	17	19	26
P	O_2	1,7	3,4	13	18
	H_2O	1,0	2,7	9,3	15
	CO_2	1,2	2,2	5,5	5,8
	SO_2	3,8	6,0	12	24
Q	O_2	0,3	0,5	2,0	45
	H_2O	1,0	3,1	3,7	28
	CO_2	1,5	1,5	3,2	9,2
	SO_2	2,0	4,0	5,4	8,3
R	O_2	2,4	4,9	7,6	18
	H_2O	2,3	3,0	14	14
	CO_2	4,1	4,4	5,5	11
	SO_2	3,3	50	556	911

stattfindet. Aluminiumdächer haben daher die günstige Eigenschaft, auch bei anfänglicher Korrosion durch Regenwasser sich allmählich mit einem Oxydhautüberzug zu versehen, dessen Schutz im Laufe der Zeit immer besser wird (S. 17) (Panseri). Elektron (eine Legierung aus Magnesium und Aluminium) wird durch Anstriche gut vor der Binnenlandatmosphäre geschützt, wobei eine vorherige Chromatbeize vorteilhaft ist (Giehmann). Aluminium und die meisten seiner Legierungen rosten nicht an der Luft wie Eisen, woraus sich eine immer mehr ansteigende Verwendung ergibt. In staubiger Großstadtluft verliert das Aluminium zwar seinen hellen Glanz, der indessen durch Blankwischen mit weichen Tüchern wiederhergestellt werden kann. Von den Legierungsbestandteilen neigt Kupfer dazu, einen atmosphärischen Angriff hervorzurufen. Es wird daher empfohlen, für Gegenstände, die an der Luft beständig sein sollen (Aluminium im Baugewerbe, für Armaturen), kupferfreie Aluminiumsorten zu verwenden (B. II, S. 340).

2. Schutz von Aluminium und Aluminiumlegierungen gegen Flüssigkeiten

a) Durch die Metallzusammensetzung

Aluminium wird mit zunehmender Reinheit korrosionsfester, so daß, wie bereits auf Seite 16 gesagt wurde, die herstellende Industrie die Reinheit des Metalles immer weiter gesteigert hat. Die für viele Zwecke ungenügenden mechanischen Eigenschaften des Reinaluminiums haben dazu geführt, daß man durch Hinzulegieren von anderen Metallen wie Kupfer die Festigkeitseigenschaften verbesserte. Da die so hergestellten Legierungen aber stärker korrodierten als das reine Metall, hat man wiederum andere Zusätze genommen, welche die Korrosion verhüten. In dieser Richtung wirken günstig Mangan und Titan durch Verfeinerung des Gefüges sowie Silicium, Magnesium und Antimon durch Verbesserung der Deckschichtenbildung (R. S. 262).

Legierungen mit über 10% Silicium mit der Bezeichnung Silumin besitzen eine bemerkenswerte dem Aluminium überlegene Widerstandsfähigkeit in der Öl- und Fettindustrie (Beständigkeit gegen Fettlösemittel wie Benzin, Trichloräthylen und Tetrachloräthylen) (R. S. 262). Silumin wird außerdem durch Ammoniak nicht angegriffen. Gegen die Salzlösungen der Salinenbetriebe gelten die Legierungen K S Seewasser (0,3—1% Si, 1 : 2% Mg, 1—2% Mn und B S Seewasser (0,2% Si, 0,2—0,6% Mn und 5—10% Mg) als korrosionsfest (R. S. 262).

Ebenso wie Si hemmt auch Cd die durch das zulegierte Kupfer bedingte Korrosion. Auf das Verhalten der weiteren bekannten Aluminiumlegierungen, wie Duraluminium und Lautal (etwa 4% Cu) oder Hydronalium soll hier nicht weiter eingegangen werden. In verschiedenen deutschen Normblättern (Sterner-Rainer 1940) ist festgelegt worden, daß bei Aluminium Magnesiumlegierungen für korrosionsbeanspruchte Gußteile der Gehalt an Eisen unter 0,35% und an Kupfer unter 0,03% bleiben soll. Eine eingehende Darstellung des umfangreichen und heute besonders wichtigen Gebietes der Aluminiumlegierungen enthält der 1938 erschienene II. Band des Werkes von Bauer, Kröhnke und Masing (B. II), Die Korrosion von Nichteisenmetallen und deren Legierungen (Die Korrosion der Aluminiumgußlegierungen. Von R. Sterner Rainer, S. 319—384. Knetbare Aluminiumlegierungen von P. Brenner, S. 385—444). Einen Überblick über die wichtigsten Aluminiumlegierungen mit Angabe der Zusammensetzung, Verwendungsmöglichkeiten, sowie der Zugfestigkeit, Bruchdehnung und Brinellhärte gibt das deutsche Normblatt DIN 1713 vom Sept. 1937 (2 Seiten über Gußlegierungen und 2 Seiten über Knetlegierungen).

Ein Schutz durch eine Änderung der Zusammensetzung von Aluminiumlegierungen kann auch darin erblickt werden, daß man Plattierungen aufbringt, deren Zusammensetzung auch dann noch einen Schutz des Grundmetalls verbürgt, wenn die Deckschicht unterbrochen ist. Der Grundwerkstoff wird erst dann angegriffen, wenn die Deckschicht abgetragen ist. Ein derartiger elektrochemischer Schutz wird als Fernschutz bezeichnet. Bei Grundwerkstoffen mit etwa 4% Cu, auf denen ein Plattierwerkstoff mit etwa 0,5 Mg, 1% Mn, 0,5% Fe + Si, Rest Al aufgewalzt war, wurde in künstlichem Seewasser bis zu Lücken in der Plattierung von 2 mm ein Fernschutz beobachtet, der auffallenderweise in reiner Kochsalzlösung (30 g/Liter) ausblieb (Althof 1940). Man sieht an diesem Beispiel, daß solche Schutzeffekte nicht auf Verhältnisse übertragbar sind, welche sich — und sei es auch noch so wenig — von denjenigen unterscheiden, bei denen der Schutz festgestellt wurde.

Ähnlich wird auch das in der Abb. 43 gezeigte Verhalten des Aluminiums in Salpetersäure durch Konzentrationsverschiedenheiten, die völlig andere Korrosionsbefunde verursachen, beherrscht.

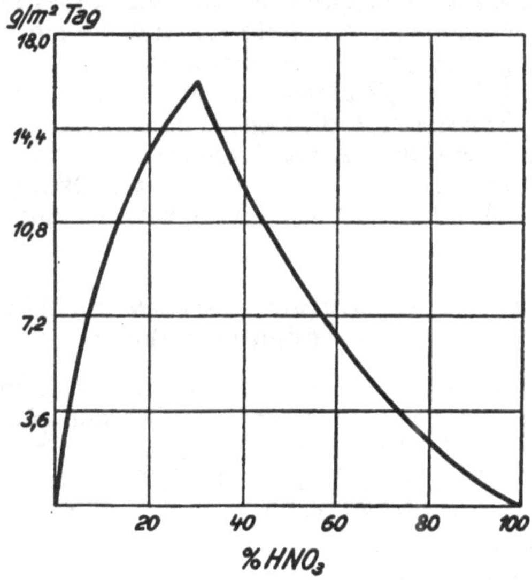

Abb. 43. Korrosion von 99,3%igem Aluminium durch Salpetersäure in 4 Wochen (R. S. 258)

b) Durch Zusätze zur angreifenden Lösung

Die hier sich bietenden Möglichkeiten sind recht beschränkt. So kann man ähnlich wie beim Eisen auch beim Aluminium die Auflösungsgeschwindigkeit in Salzsäure durch Inhibitoren (S. 94) wie Nikotinsulfat oder Dibenzylsulfid stark verringern (Röhrig 1, E, S. 313). Wegen der Neigung des Aluminiums zur Bildung einer schützenden Oxydhaut werden Oxydationsmittel, wie Chromat, noch stärker als beim Eisen beim Aluminium schützend wirken. Dieser Schutz, welcher als besonderes Verfahren mit speziellen Behandlungsmethoden ausgebildet ist, soll im folgenden Abschnitt gesondert behandelt werden. Erwähnt sei noch, daß Nitrate, welche die Korrosion vieler anderer Metalle, darunter auch Eisen, fördern, den Angriff auf Aluminium verzögern (E. S. 312), weil sie offenbar im Sinne einer Verstärkung der Oxydhaut wirken.

Gegenüber Leitungswasser ist das Verhalten von Aluminium insofern ähnlich wie von Eisen, als auch hier Unterschiede in der Wasserzusammensetzung entscheidend sind. Es gibt in Deutschland viele Gegenden, in denen Aluminium vom Leitungswasser angegriffen wird. Solche „Reklamationsgebiete" sind z. B. Hannover, Leipzig, der Schwarzwald, die Gegend um Aachen und das Ruhrgebiet (Lichtenberg 1940). Als Korrosionsursachen werden in diesen Fällen genannt: Hoher Chlorgehalt, hoher Bikarbonat- oder Kohlensäuregehalt, Gehalt an Schwermetallen und zu weiches Wasser.

c) Schutz des Aluminiums durch Verstärkung der schützenden Oxydhaut

Man kann durch Oxydation die Oxydhaut des Aluminiums verstärken, was eine erhöhte Korrosionsfestigkeit zur Folge hat. Ähnlich wie bei der Parkerisierung des Eisens (Erzeugung einer schützenden Phosphatschicht S. 94) liefern die so erzeugten Schichten einen besonders geeigneten Untergrund für das Aufbringen von Anstrichen und Lacken. Eine wesentlich ausführlichere Darstellung dieser Schutzverfahren, als an dieser Stelle möglich ist, geben Röhrig und Lux (Röhrig 2, B. III). Man nimmt beim Aluminium die Oxydation entweder chemisch oder elektrisch vor.

Die elektrische Oxydation ist unter der Bezeichnung Eloxalverfahren bekannt[1]). In einer besonderen Arbeitsgemeinschaft, welche den Namen „Eloxalverfahren" führt und rund 300 Patente besitzt, ist die Anwendung dieser Verfahren zusammengefaßt (Schiek S. 37). Als Elektrolyte dienen Oxalsäure und Schwefelsäure sowie Mischungen dieser Säuren. Auf nähere Einzelheiten hier einzugehen, ist angesichts der zahlreichen sich oft nur wenig unterscheidenden Verfahren an dieser Stelle nicht angebracht. Eine von Eloxalverfahren abweichende elektrische Oxydation von Aluminiumoberflächen geht von einer 3%igen Chromsäurelösung aus. Die Dicke der Eloxalschicht ist nach der Tabelle 21 beträchtlich.

---

[1]) Siehe Anzeigen im Anhang.

Tabelle 21 (R. III, S. 542)

Vergleichende Übersicht über an verschiedenen natürlich und künstlich erzeugten Oxydfilmen festgestellte Schichtdicken

Schichtart und Herstellung	Schichtdicke in μ	Methode der Schichtdickenbestimmung	Schrifttum
a) Natürliche Oxydfilme auf Al-Folien nach einmonatiger Lagerung bei Raumtemperatur	etwa 0,04	optische Messungen (Lichtdurchlässigkeit)	A. Steinheil, Ann. Physik 19 (1934) 465
auf Al-Folien nach sechsmonatiger Lagerung bei Raumtemperatur	„ 0,05	Kapazitätsmessung	wie oben
natürliche Oxydschicht auf Al	„ 0,001	optische Messungen	L. Trostad, T. Höferstad, Trans. Faraday Soc, 30 (1934) 362, 366
natürliche Oxydschicht auf Al	„ 0,01	gravimetrische Bestimmung	W. J. H. Vernon, Trans. Faraday Soc. 23 (1927) 150, 181, 182
Anlaufschicht nach 80stündiger Erhitzung von Al im O_2-Strom bei 600° C	„ 0,2	gravimetrische Bestimmung	N. B. Pilling, R. E. Bedworth, J. Inst. Metals 29 (1923), 574
Oxydation einer Al-Folie in einer Flamme	„ 0,4	gravimetrische Bestimmung (D=3,1)	A. Steinheil, Ann. Physik (5) 19 (1934) 470
b) Chemisch erzeugte Schichten. MBV-Schicht, Mittelwert bei normalen Behandlungsbedingungen	1...2		
MBV-Schicht auf Reinalblech 99,5%, 10 Min. Behdl.-dauer	1,3	Ablösung der Schicht mit 65% HNO_3	W. Helling, Aluminium 19 (1937) 371
30 „ „	2,7		
60 „ „	3,8		
120 „ „	6,1		

Tabelle 21 (Fortsetzung)

Schichtart der Herstellung	Schichtdicke in μ	Methode der Schichtdickenbestimmung	Schrifttum
c) Elektrolytisch erzeugte Ventilschichten	0,1...0,6		A. Güntherschulze, H. Betz, Z. Physik 73 (1932) 580, 586; 75 (1932) 143
d) Elektrolytisch erzeugte Schutzschichten normale Eloxalschichten bei üblichen Behandlungsbedingungen (S- und X-Bäder) auf Reinaluminium- und Si-armen, Cu-freien Legierungen	10...30		H. Fischer, Z. Metallkunde 27 (1935) 25
auf stärker Cu- und Si-haltigen Legierungen	3...15		
starke Spezialschichten, erzeugt mit polarisiertem Wechselstrom von 50—100000 Hz im X-Bad niedriger Konzentration und Temperatur bei 1A/dm$_2$, 8 Stunden Behandlungsdauer	103...125	mikroskopische Bestimmung	F. Wöhr, Hanß Aluminium 4 (1932) 97
stärkste elektrolytisch erzeugte Schicht: im X-Bad niedriger Konzentration und Temperatur und mit innen gekühlter Anode	etwa 600	mikroskopische Bestimmung	Th. Rummel Z. Physik 99 (1936) 518

Die große Dicke der auf elektrischem Wege hergestellten Schichten ist darauf zurückzuführen, daß die benutzten sauren Bäder imstande sind, die entstandenen Oberflächenoxyde wieder aufzulösen, so daß immer tiefere Schichten des Metalls der Oxydation zugänglich werden. Hierbei wird wegen der geringer werdenden Porosität der Schichtdicke die Stromdichte und Spannung am Metall so groß (12—70 Volt), daß hohe Temperaturen entstehen. Dadurch werden nach Angaben von Masing die Schichten so hart wie Korund und können mit der Feile nicht mehr bearbeitet werden

(Masing 2). Ein wirklicher Korrosionsschutz der Eloxalschicht wird erst erreicht, wenn die Lücken in der Schicht durch irgendeine Nachverdichtung geschlossen werden (Kaliumbichromatbehandlung, Quellen in siedendem Wasser, Tränken mit neutralen organischen Stoffen) (Masing 2). Vor der Nachdichtung kann man die Schicht, da sie infolge der Porosität saugfähig ist, färben.

Unter den chemischen Tauchverfahren steht das sogenannte M B V Verfahren (Modifizierte Bauer Vogelverfahren) im Vordergrund. Das Metall wird in heiße Soda-Chromatbäder (5% Soda + 1% Chromat) eingetaucht. Der Korrosionsschutz wird noch dadurch verbessert, daß man eine Nachverdichtung in Wasserglaslösung ausführt (Schiek S. 40). Man arbeitet so, daß man 60 g MBV-Salz in 1 Liter auflöst und die zu behandelnden Gegenstände 5—10 Minuten eintauchen läßt, wobei sich eine schiefergraue gleichmäßige Schutzschicht bildet, die ebenso wie die Eloxalschicht eine gute Verankerungsgrundlage für Lacke ist. Gegen folgende Lösungen wird die MBV-Schicht mit oder ohne Nachverdichtung als beständig bezeichnet (B. III S. 506): Kochsalzlösungen, Seewasser, Permutitwasser, Alkohol-Wassergemische jeder Konzentration, Benzin-Alkoholgemische, viele Spirituosen und F uchtsäfte, sauer gewordenes Bier (Transportfässer), Sauermilch, Joghurt, Salzheringslake, Sauerkraut, Entwicklerlösungen, Wasserstoffperoxyd, Kupferkalkbrühe, Kupfervitriol, Karbidschlamm, Lösungen von Natriumbisulfat, Calciumsulfat, Natriumsulfat, Calciumchlorid, Zinkchlorid, Magnesiumchlorid (die letztgenannten unter bestimmten Bedingungen), verschiedene Zahnpasten und Bleiarsenat.

Das MBV-Verfahren ist nur für Aluminium und seine kupferfreien Legierungen geeignet. Ebenfalls für kupferhaltige Aluminiumwerkstoffe geeignet ist das sogenannte EW-Verfahren, eine Weiterentwicklung des MBV-Verfahrens. Der Unterschied besteht darin, daß zum Eintauchbad noch eine geringe Menge von Wasserglas zugegeben wird. Dadurch löst sich das Aluminium weniger auf und es wird Chromhydroxyd und Wasserglas in die Schutzschicht eingebaut (Schiek S. 40). Die dichten und glatten EW-Schichten sind heller als die MBV-Schichten und bewirken besonders bei Al-Legierungen einen stärkeren Korrosionsschutz als die MBV-Schichten (B. III, S. 507).

d) Bedecken von Aluminium mit einer Fremdmetallschicht

Trotz der Schwierigkeit, auf Aluminium gut haftende korrosionsbeständige metallische Überzüge zu erhalten, hat man zur Lösung dieser wichtigen Aufgabe große Anstrengungen gemacht, die zum größten Teile in zahlreichen Patentschriften niedergelegt sind (Markhoff S. 26—28). Da die Oxydschicht bei der galvanischen Abscheidung stört, beruht eine Gruppe von Verfahren darauf, daß man zunächst die Oxydschicht entfernt und dann so schnell eine Metallschicht erzeugt, daß sich keine Oxydhaut wieder bilden kann. Als Haftgrundlage für die endgültigen Schichten werden vielfach zunächst Zwischenschichten, beispielsweise aus Zink und Eisen, aufgetragen. Vor einer Versilberung wird ein Milchsäurebad empfohlen (Markhoff S. 21) oder man macht Zusätze von Kohlehydraten, wie Rohrzucker, Invertzucker, Maltose und Laktose oder man nimmt andere Stoffe wie Hydrochinon und Pyrogallol (Markhoff, S. 23). Ein ganz anderer Weg besteht darin, daß man das Aluminium in eine Kupferchloridschmelze taucht, bis sich mit oder ohne Stromwirkung ein Kupferüberzug gebildet hat (Markhoff S. 24). Diese wenigen Beispiele lassen jedenfalls die Verschiedenheit der zur Erreichung einer Aluminiumveredlung gemachten Anstrengungen erkennen.

3. Schutz von Magnesium durch Oxydhautverstärkung

Das gegenüber dem Aluminium etwa um $^1/_3$ leichtere Magnesium oxydiert sich zwar an der Oberfläche ebenso stark wie Aluminium, aber die Magnesiumoxydschicht ist nicht dicht genug, um die Korrosion wirksam zu verhindern. Eine Verstärkung dieser Schicht geschieht auch beim Magnesium sowohl rein chemisch als auch elektrisch. Die chemische Methode besteht in einem Beizen mit einer Bichromat-Salpetersäuremischung. Die Schichten sind schwach und bei Walz- und Gußmaterial verschieden (Elssner 1940, S. 231). Dem Eloxalverfahren beim Aluminium entspricht beim Magnesium das sogenannte Elomagverfahren, das in einer anodischen 20—45 Minuten dauernden Oxydation bei 70° bis 80° und einer Stromdichte von etwa 1 Ampere pro cm² bei 3 bis 6 Volt Spannung besteht. Die genannten Nachteile der durch die chemischen Beizen erzeugten Schicht sollen bei dem Elomagverfahren nicht vorhanden sein. Das Elomagverfahren soll aber nur dann benutzt werden, wenn das einfache chemische Beizverfahren nicht ausreicht (Elssner 1940, S. 231).

Wichtig ist eine Nachbehandlung der elektrolytisch erzeugten Schutzschicht. Hierfür kommen je nach den zu erfüllenden Erfordernissen der Technik Fett, Wachs, Lacke und auch rein anor-

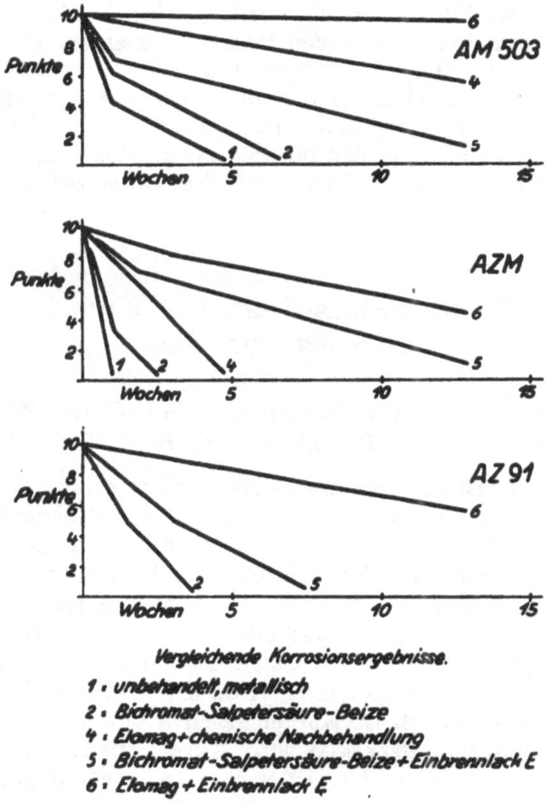

Abb. 44. Korrosion von Magnesiumlegierungen ohne und mit verschiedenen Oberflächenbehandlungen (Elßner 1940, S. 235)

ganische Nachverdichtungsmittel in Betracht. Einen Überblick über den durch chemisches Beizen sowie anodische Oxydation mit Nachbehandlung erreichten Korrosionsschutz bei Magnesiumlegierungen gibt die Abb. 44. AM 503 [1]) enthält 1—2,5% Mn, Rest Mg/ AZM [1]) enthält 6—7% Al, 0,—1,5% Zn, 0—0,05% Mn, Rest Mg.

Bei weitem am besten wirkt eine Elomagbehandlung mit Einbrennlack. Die Korrosionsbeständigkeit ist in Punkten angegeben; dabei bedeutet Punkt 10 völlig unangegriffen, Punkt 0 völlig zerfallen, die dazwischen liegenden Punkte sind entsprechend einzustufen. Die Legierung AM 503 zeigt, anodisch oxydiert und mit Einbrennlack behandelt, nach 3 monatlicher Korrosionsprüfung einen kaum merkbaren Korrosionsbeginn. Edlere Bestandteile, wie Kupfer, sind wegen der unedlen Natur des Magnesiums besonders schädlich und geben zu starker galvanischer Korrosion Anlaß (B II, S. 459).

D. Korrosionsschutz von Kupfer, Messing und Zink

1. Kupfer (Ausführliche Darstellung: Dahl O, und Wunder W, Kupfer und Kupferlegierungen, B. II, S. 60—287)

Das Kupfer ist von den preiswerten und in großen Mengen benutzten Metallen am edelsten, so daß es verhältnismäßig wenig korrodiert und daher auch geringere Korrosionsschutzmaßnahmen erfordert. Oxydierende Substanzen, wie Luftsauerstoff, greifen Kupfer an, so daß hier die Schutzmaßnahmen eine Entfernung des Sauerstoffs von der Kupferoberfläche bezwecken. Auch die leichte Angreifbarkeit durch Salpetersäure ist ein Zeichen für die Neigung, gegen oxydierende Einflüsse unbeständig zu sein. Besonders empfindlich ist Kupfer gegen Ammoniak.

Im Nahrungsmittelgewerbe wird Kupfer vielfach benutzt. In heißen Fruchtsäften geht meist weit weniger als 10 g/m² Tag in Lösung. (B. II. S. 108). In der Zuckerindustrie, im Brauerei-

[1]) Bezeichnung der Erzeugnisse der I.G. Farbenindustrie (Elßner, S. 229).

gewerbe und in der Molkerei findet man Kupfer als verbreiteten Werkstoff. In strömender Milch von 20—60° werden Angriffe von 0,06 bis 0,18 g/m² Tag gefunden (B. II. S. 109). Bei der Petroleumdestillation und in Crackanlagen ist die Frage des zu verwendenden Metalls von großer Bedeutung. Die hier bei Kupfer, Kupferlegierungen und einigen anderen Metallen auftretenden Korrosionen sind in den beiden folgenden Tabellen 22 und 23 wiedergegeben.

Tabelle 22 (B. II, S. 116)

Korrosion bei der Petroleumdestillation

Metall	Abtragung in mm pro Jahr
Zinn	0,029
Rostfreier Stahl	0,050
Kanonenmetall	0,075
Manganbronze	0,104
Handelsbronze	0,107
Messing	0,155
Nickelbronze	0,119
Monel-Metall	0,160
Aluminium	0,61
Kupfer	0,31
Gußeisen	0,65
Titan-Aluminium-Bronze	0,126
Kupferhaltiger Stahl	0,90

Tabelle 23 (B. II, S. 117)

Korrosion in Crackanlagen

Metall	Abtragung in mm pro Destill.
Aluminiumbronze	0,0001
Zink	0,0008
Gußeisen	0,0038
Kupferhaltiger Stahl	0,0044
Chromstahl	0,0047
Monel-Metall	0,0043
Bronze	0,0221
Messing	0,0256
Kupfer	0,046

Wenn Wasserstoff in der Hitze mit Kupfer zusammenkommt, das Kupferoxydul (etwa 1%) enthält, entsteht durch ins Innere diffundierenden Wasserstoff Wasserdampf, der nicht entweichen kann und zu Rissen und Sprengungen führt. Wasserstoffhaltige Gase dürfen daher in der Hitze nur mit völlig reduziertem Kupfer in Berührung kommen (R. S. 269). Der Angriff kochender Sodalösung auf Kupfer läßt sich durch Zusatz von 1% Wasserglas verhindern (Rabald, S. 478). Bei der Destillation von Essigsäure in Kupferapparaten findet dadurch eine Kupferkorrosion statt, daß durch den praktisch nicht auszuschließenden Sauerstoff immer wieder Cupriionen gebildet werden, welche einen schnellen Angriff des Kupfers zur Folge haben. Durch Zugabe von reduzierenden Stoffen ($NaHSO_3$) oder Fällungsmitteln für Cuprisalze, wie Schwefelwasserstoff, Schwefelsäure und Oxalsäure, kann man die Korrosion wesentlich verringern (Rabald, S. 310).

2. Messing

Wichtiger als das Kupfer selbst im Hinblick auf einen erforderlichen Korrosionsschutz ist Messing, das bekanntlich aus Kupfer und Zink besteht. Hier setzt die Korrosionsverhütung schon bei der groben Zusammensetzung ein. Da Messing 60/40 (60% Kupfer und 40% Zink) in vielen Fällen korrodiert, hat man Messingsorten mit mehr Kupfer hergestellt, welche ein besseres Korrosionsverhalten besitzen sollen (Messing 70/30) (Admiralitätslegierung). Nach Abb. 45 liegt die atmosphärische Korrosion dieser beiden Messingsorten zwischen der von Kupfer und von Zink.

Besonders günstig wurde das Korrosionsverhalten hartgezogener Kondensatorrohre aus Aluminiummessing trotz ungünstiger Verhältnisse gefunden (Siegel, S. 24). Kondensatorrohre aus Messing werden zur Erhöhung ihrer Lebensdauer verzinnt, verbleit und verchromt. Auch das Ausspritzen von Kondensatorrohren mit bituminösen Gemischen hat man versucht. Diese Maßnahme bewirkte bei Schiffen im Atlantik einen Korrosionsschutz, dagegen nicht in wärmeren Gewässern, weil hier der Überzug offenbar infolge der höheren Temperatur gelöst wurde (E. S. 261). Gegen aufprallende Blasen hat sich das Einsetzen eines 150 mm langen Bleirohrs in die von den Blasen gefährdete Eintrittstelle sehr bewährt (E. S. 261).

Während diese bisher genannten Verhütungsmaßnahmen in einer Materialänderung bestanden, ist in anderen Fällen die zu beseitigende Korrosionsursache im korrodierenden Mittel zu suchen. Hier ist vor allem der Angriff durch Ammoniak zu nennen. Ähnlich wie Ammoniak kann auch der Luftsauerstoff Messing angreifen, so daß für eine Entlüftung und Beseitigung von Luftblasen in Kondensator- und Verdampfungsanlagen gesorgt werden muß. Bei Verwendung von Meerwasser als Kühlmittel wurden Kondensatorrohre kathodisch geschützt, und zwar mit einer Stromdichte von 2,5 Ampere pro 1000 Quadratfuß (Wright W. A., 1940).

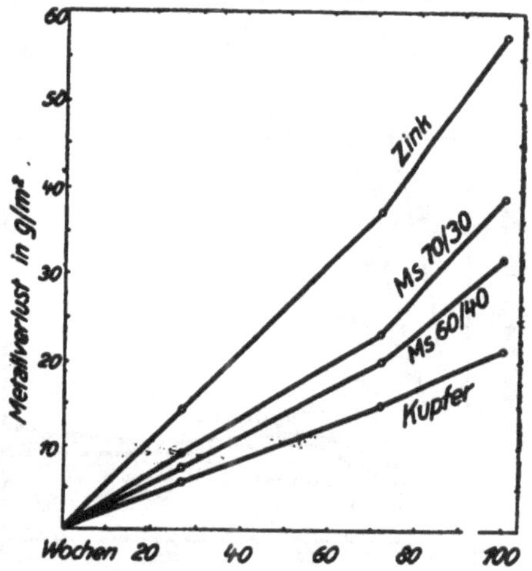

Abb. 45. Korrosion von Kupfer, Messing 70/30 und Zink in freier Atmosphäre. Gewichtsverlust ohne Entfernung der Korrosionsschichten (South Kensington nach W. H. J. Vernon.) (B. II, S. 127)

Eine gefürchtete Erscheinung ist der sogenannte Altersriß des Messings, d. h. das Auftreten von zunächst feinen Rissen, die durch falsche Wärmebehandlung verursacht sind und für chemische Einwirkungen (Ammoniak) gefährliche Ausgangspunkte bilden. Abhilfe schafft eine richtige Wärmebehandlung (1 Stunde Glühen bei 275°, bei Messing 60/40 soll sogar bereits eine dreistündige Einwirkung bei 100° ausreichen (E. S. 505).

Schwefel greift Kupfer an, so daß Kupfer und Messing in Berührung mit Benzin, das von der Fraktionierung her Schwefel enthält, durch Zusatz von Stoffen geschützt werden müssen, welche sich mit dem Schwefel verbinden (Terpene, Tetralin, Amylen, Amine und Phenole, wie Pyrogollol und Hydrochinon) (Rabald, S. 475).

Das von I. C. Hudson untersuchte Verhalten von reinem Kupfer, Kupferlegierungen, Nickel und Nickel-Chrom an der Atmosphäre ist nach der Tabelle 24 überraschend einheitlich. Den stärksten Angriff zeigte bei diesen Untersuchungen das Messing und den schwächsten Chromnickel. Sämtliche Metalle verhalten sich jedenfalls an der Luft wesentlich günstiger als Eisen. Die Untersuchungen erstreckten sich über einen Zeitraum von einem Jahr.

3. **Zink** (Ausführliche Behandlung: Wiederholt, W. Zink, B. II, S. 596—670)

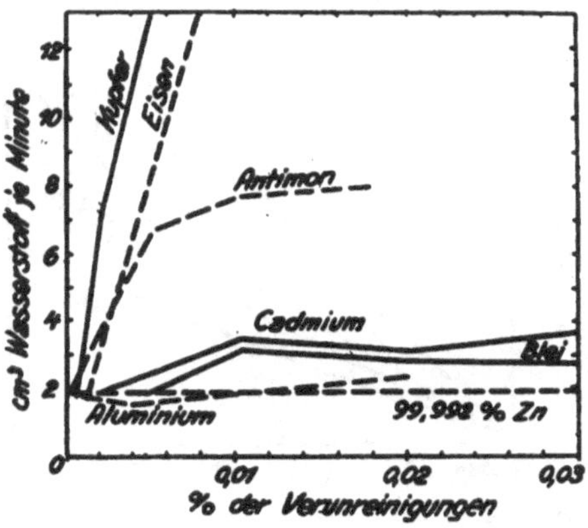

Abb. 46. Einfluß metallischer Beimengungen auf die Wasserstoffentwicklung von Zink in Schwefelsäure (B. II, S. 628)

Das Zink als unedles Metall neigt stark zur Korrosion. In Gegenwart von Säuren wird durch den Gehalt an metallischen Verunreinigungen edlerer Natur, wie Kupfer und Platin, der Angriff um das Vielfache gesteigert (S. 15). Weniger oder gar nicht korrosionsfördernd sind edlere Beimengungen mit hoher Überspannung, wie Blei (Abb. 46). Cadmium kann sogar in gewissen Fällen die Zinkauflösung verhindern (Straumanis 2). Auf die unter Umständen bemerkenswert hohe Widerstandfähigkeit sehr reinen Zinks wurde auf Seite 15 bereits hingewiesen. Nach Abb. 46 gehört auch das Eisen zu den Metallen, welche die Auflösung des Zinks in Säure stark beschleunigen. Den Einfluß der Art der Säure läßt Abb. 47 erkennen (Müller, E.). Eine einfache Beziehung zwischen Auflösungsgeschwindigkeit und pH-Wert ist hiernach nicht vorhanden.

In Berührung mit kohlensäurefreiem destilliertem Wasser beträgt die Korrosion von Zink 1—2 g/m² Tag. (B. II, S. 609). Dieser Wert kommt ungefähr dem von Eisen unter entsprechenden

Tabelle 24 (B. II, S. 128—129)

Korrosion durch einjährigen Angriff der freien Atmosphäre. Abtragung der Oberfläche in mm bezogen auf 1 Jahr; festgestellt für verschiedene klimatische Verhältnisse

	Land (Cardington)		Vorstadt (Bounville)		Industrie (Wakefield)		Stadt (Birmingham)		See (Southport)		Abtragung im Mittel	
	geschützt vor Regen	offen	geschützt vor Regen	offen	geschützt vor Regen	offen	geschützt vor Regen	offen	geschützt vor Regen	offen	geschützt vor Regen	offen
1. E-Kupfer hoher elektrischer Leitfähigkeit (99,94% Cu)	0,00041	0,0019	0,0009	0,0029	0,0010	0,0040	0,0029	0,0040	0,0010	0,0038	0,0013	0,0031
2. Arsen-Kupfer (99,4% Cu, 0,5% As)	0,00038	0,0016	0,0009	0,0025	0,0011	0,0036	0,0032	0,0039	0,0011	0,0032	0,0014	0,0029
3. Cadmiumkupfer (99,1 % Cu, 0,8% Cd)	0,00088	0,0020	0,0009	0,0028	0,0011	0,0041	0,0031	0,0045	0,0010	0,0037	0,0013	0,0054
4. Messing 70/30	0,00097	0,0020	0,0018	0,0040	0,0020	0,0052	0,0044	0,0080	0,0023	0,0049	0,0023	0,0048
5. Messing 62/38	0,0022	0,0024	0,0061	0,0048	0,0088	0,0060	0,0181	0,0103	0,0056	0,0060	0,0083	0,0059
6. Zinn-Bronze (93% Cu, 7% Sn)	0,00048	0,0024	0,0011	0,0032	0,0012	0,0048	0,0039	0,0062	0,0012	0,0054	0,0016	0,0044
7. Aluminium-Bronze (96% Cu, 4% Al)	0,00069	0,0021	0,0014	0,0030	0,0015	0,0043	0,0043	0,0058	0,0014	0,0058	0,0019	0,0038
8. Silicium-Bronze (99% Cu, 0,7% Sn)	—	0,0019	—	0,0031	—	0,0046	—	0,0058	—	0,0045	—	0,0040
9. Kupfer-Nickel 80/20	0,00092	0,0021	0,0018	0,0033	0,0026	0,0052	0,0052	0,0054	0,0023	0,0045	0,0026	0,0041
10. Kupfer-Nickel 30/70	0,0015	0,0015	0,0034	0,0031	0,0039	0,0034	0,0097	0,0061	0,0032	0,0028	0,0043	0,0034
11. Nickel	0,0016	0,0011	0,0025	0,0024	0,0058	0,0055	0,0062	0,0058	0,0036	0,0028	0,0039	0,0036
12. Nickel-Chrom 80/20	0,00077	0,0004	0,0014	0,0012	0,0014	0,0016	0,0028	0,0022	0,0012	0,0007	0,0015	0,0012

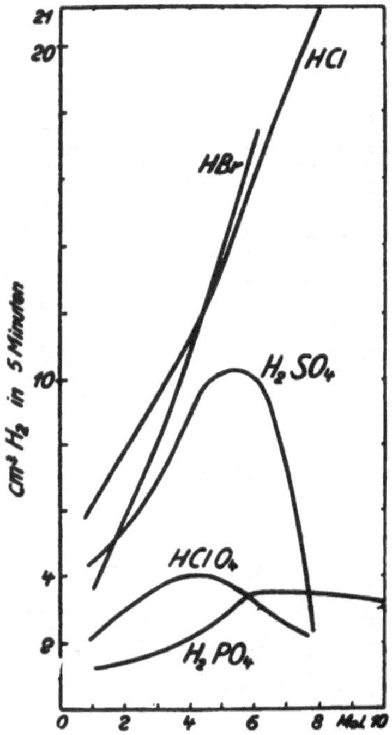

Abb. 47. Entwickelte Wasserstoffmenge bei der Einwirkung verschiedener Säuren bei verschiedener Konzentration auf Zink (B. II, S. 622, Müller, E)

Bedingungen gleich (S. 25). Bei Gegenwart von genügend Kohlensäure (Schwellenwert 27 mg CO_2/Liter B. II, S. 609) bilden sich schützende Zinkkarbonatschichten, wie überhaupt für das Verhalten des Zinks in Berührung mit Wasser die Bildung bzw. das Ausbleiben schützender Deckschichten von ausschlaggebender Bedeutung ist. In Gegenwart von Leitungswasser verhält sich Zink ähnlich wie Eisen, es wird von saurem und aggressive CO_2 enthaltendem Wasser, sowie von sauerstoffreiem, das gleichzeitig kohlensäurefrei ist, und ferner von weichem lufthaltigem Wasser, (Wässer, die keine Schutzschicht bilden, also unterhalb 7° Härte) angegriffen (R. S. 298).

Dieses Verhalten des Zinks macht es als Überzugsmetall für Eisen besonders geeignet. Verzinktes Eisen verhält sich aus folgenden Gründen unter Umständen besser als jedes dieser Metalle allein (E. S. 600). Zunächst geht das Zink als unedleres Metall zuerst in Lösung und bildet so für Eisen einen galvanischen Schutz. Dadurch beschränkt sich der Angriff zunächst auf die Deckschicht und verläuft gleichmäßig. In den Lücken der Deckschicht, wo das Eisen freiliegt, sind die Bedingungen für eine kathodische $CaCO_3$-Schutzschicht günstig. Außerdem kann sich auch anodisch eine schützende $ZnCO_3$-Schicht bilden. Nach M. Schlötter kann ein Überzug aus Elektrolytzink durch Änderung der Badzusammensetzung korrosionsfester hergestellt werden als ein durch Feuerverzinkung hergestellter (Schlötter 2, 1940).

Besonders bemerkenswert ist die neuerdings von Schikorr festgestellte (Schikorr 7, 1940) und in der Abb. 48 wiedergegebene Widerstandsfähigkeit des Zinks in künstlichem Nordseewasser im Vergleich mit einer stark angreifenden 3%igen Kochsalzlösung. Der Grund ist die Bildung einer magnesiumhaltigen Schutzschicht.

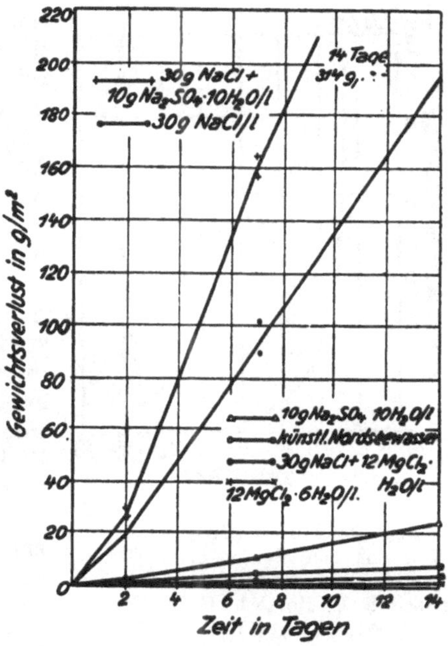

Abb. 48. Schutzschichtbildung von Zink durch Magnesiumsalz (Schikorr 8)

Zink im Warmwasser kann unter bestimmten Versuchsbedingungen durch den Luftsauerstoff edler werden als Eisen (Schikorr 8, 1940). Bemerkenswert ist die in der Abb. 49 dargestellte Abhängigkeit der Zinkkorrosion vom pH-Wert (E. S. 331). Wie man sieht, besitzt Zn ein sehr scharf ausgeprägtes Optimum zwischen pH 10 und 12. Im Gegensatz zum Eisen ist Zink auch gegen alkalische Einflüsse empfindlich (Zinkatbildung).

Von den Zinklegierungen sind, abgesehen von dem im vorigen Abschnitt bereits behandelten Messing, Zink-Spritzgußlegierungen für Massenanfertigungen wichtig. Neuerdings gewinnt hier jedoch auch der Sand- und Kokillenguß Bedeutung (Bayer). Im Normblatt DIN 1743, dem die folgende Tabelle 25 entnommen ist, sind einige Angaben über Zink-Spritzguß-Legierungen in kurzgefaßter Form zusammengestellt.

Durch Alterung und interkristalline Korrosion wurde zunächst die Verwendung von Zinklegierungen mit Aluminium und Kupfer

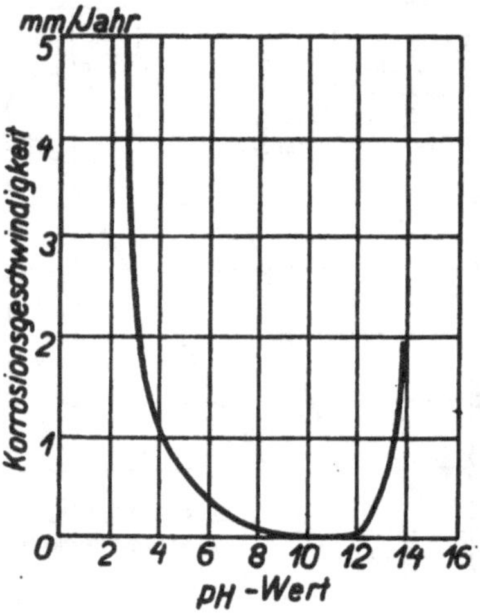

Abb. 49. Einfluß des pH-Wertes auf die Korrosion von Zink in einem Gemisch aus Natriumhydroxyd und Salzsäure. (Nach B. E. Roetheli, G. B. Cox und W. B. Littreal.) (E. S. 331)

sehr erschwert, jedoch konnten diese Nachteile durch umfangreiche Untersuchungen weitgehend behoben werden (Wiederholt S. 658). Neuerdings werden Zinküberzüge in Verbindung mit einer Verchromung für Fahrräder anstatt von Vernicklungen benutzt. Nach vorläufigen Erfahrungen, die allerdings noch auf weitere atmosphärische Einflüsse (stärkere industrielle Verunreinigungen) erweitert werden müssen, hat sich hier die Verwendung von Zink bewährt. Bei verzinktem Eisen ist eine Verchromung ungünstig, da die Chromschicht zur Porenbildung neigt und nur in sehr dichtem Zustand einen gewissen Schutz verleiht (Raub 1940).

Tabelle 25 (B. II. S. 657)

Zink-Spritzgußlegierungen nach DIN 1743

Kurzzeichen	Zusammensetzung % Zn	Al	Cu	Zugfestigkeit kg/mm²	Bruchdehnung %	Brinellhärte kg/mm²
SgZn-Al-Cu I.	91—94	3,5—5	2,5—4	32—38	2,5—5	80—120
SgZn-Al-Cu II.	93,4—95,75	3,5—4,1	0,75–2,5	27—33	5—2	80—105
SgZn-Al......	95,9—96,5	3,5—4,1	2,2—2,7	22—27	6—3	65—80

E. Korrosionsschutz der übrigen Metalle

1. Blei. (Ausführliche Behandlung: Werner 2, M. Blei und Bleilegierungen. B. II, S. 478—595).

Die Korrosionsverhütung beim Blei in Berührung mit Leitungswasser hat dadurch eine besondere Bedeutung erlangt, daß schon geringe Angriffe, welche das Metall noch nicht schädigen, zu Bleivergiftungen Anlaß gegeben haben. Man muß in solchen Fällen, wenn man die Bleirohre nicht durch ein anderes Material ersetzen will, besonders sorgfältig auf eine richtige Wasseraufbereitung achten. Hierfür gelten ähnliche Richtlinien wie beim Eisen. Günstig ist eine Behandlung des Wassers mit $Ca(OH)_2$ und $Ca\,CO_3$.

In der chemischen Technik hat das Blei wegen seiner Beständigkeit gegen Schwefelsäure als Material für das Bleikammerverfahren zur Gewinnung von Schwefelsäure eine große praktische Bedeutung. Das günstige Verhalten des Bleis gegen Schwefelsäure beruht auf der Bildung von unlöslichem Bleisulfat. Damit sich hierbei eine schützende Schicht bildet, muß der Niederschlag unmittelbar an der Oberfläche entstehen. Entsteht er in einer gewissen Entfernung von der Oberfläche, so löst sich das Blei immer weiter auf und das unlösliche $PbSO_4$ sinkt zu Boden, ohne daß sich eine Schutzschicht bildet. Diese Betrachtungen gelten ganz allgemein für die Bildung unlöslicher schützender Deckschichten. Während Blei in konzentrierter Schwefelsäure immer weiter angegriffen wird, hört die Auflösung bei geringerer Konzentration bald auf (Schikorr 9, 1940).

Für die praktische Anwendung kann man im großen und ganzen annehmen, daß in Schwefelsäure bis 78% Blei sich beständig verhält und in konzentrierterer Säure durch Eisen ersetzt werden kann (Werner 2, S. 577). Bei der Schwefelsäurefabrikation muß die Bleikorrosion durch Chlor beachtet werden, und zwar verhält sich Nitrosylchlorid gefährlicher als Salzsäuregas. Schutzmaßnahmen bestehen in einer Entfernung des Chlors aus dem Wasser sowie in einer Vorbehandlung des Bleis in Schwefelsäure, wobei sich die schützende Bleisulfatschicht bildet (Wickert 1940).

Versuche über die zeitliche Ausbildung der schützenden Bleisulfatschicht (Passivierung) stellten W. J. Müller und Machu an, die bei diesen Versuchen weitere Bestätigungen der Theorie der Bedeckungspassivität der Metalle von W. J. Müller erbringen konnten (Müller W. J. 3). Ebenso wie das Zink ist das Blei unbeständig gegen Alkalien, dagegen ist es beständig gegen Säuren und Salze (R. S. 265) und besitzt eine starke Neigung zur Schutzschichtbildung.

2. Zinn

Zinn ist empfindlich gegen alkalische Lösungen, die Eisen nicht angreifen. Umgekehrt ist das Zinn beständig gegen Salzlösungen, wie Kochsalz, in denen Eisen stark korrodiert. Aus diesem Grunde wird Eisen verzinnt (Weißblech). Die Verzinnung kann nach verschiedenen Methoden erfolgen (Galvanische Verzinnung, Feuerverzinnung, Spritzverzinnung, Streuverzinnung (R. I. S. 949)). Bemerkenswert ist die Beständigkeit von Zinn gegen jedes marmorauflösende Wasser. Sogar bis zu Temperaturen von 150° wurde in destilliertem Wasser kein Angriff gefunden (R. I. S. 948). Zinn wird in der verschiedensten Weise zu Legierungen benutzt (Weißmetalle). Meist wird allerdings die Korrosion des Zinns durch Hinzulegieren von anderen Metallen schlechter. Lötzinn ist eine Legierung von Blei und Zinn, wobei je nach der Art des Lötens (grobe Klempnerarbeit, Messinglötung, feine Lötungen in der Elektroindustrie usw.) der Zinngehalt zwischen 25 und 90% schwankt. Genaue Angaben hierüber sind in dem deutschen Normblatt DIN 1707 vom 25. April 1925 enthalten.

3. Nickel

Nickel ist durch seine chemische Widerstandsfähigkeit ausgezeichnet. Die Korrosion von Nickel wird sehr günstig beeinflußt durch die Bildung einer gut deckfähigen und schützenden Oxyd- bzw. Hydroxydschicht. In dieser Beziehung erweist sich Nickel dem wesentlich edleren Kupfer als überlegen und findet im Haushalt ausgedehnte Verwendung. Man hat festgestellt, daß 10—135 mg Nickel pro kg zubereitete Speise in Nickelgefäßen gelöst werden (B. II, S. 729). Die nebenstehende Tabelle zeigt den bemerkenswert geringen Angriff in Salzsäure.

Tabelle 26 (R. I. Werkstoffe u. Korrosion S. 818)

Auflösung von Reinnickel in Salzsäure

Konzentration in %	Temperatur in Grad	Angriff in g/m^2 Tag
1	20	weniger als 2,4
10	20	2,4—24
20	20	2,4—24
20	100	über 240
40	20	72—240

Eine beträchtliche Steigerung erfährt die Korrosion durch Gegenwart von Sauerstoff. So wird der Angriff von Essigsäure auf Nickel durch Sauerstoffeinleiten gegenüber einem Durchleiten von Wasserstoff je nach der Säurekonzentration um das 20 bis 200fache gesteigert (R. I, S. 815).

Wegen seiner Härte, seiner Korrosionsbeständigkeit, sowie wegen seines Glanzes und seiner Polierfähigkeit wird Nickel als Überzug sehr stark verwendet, so daß die Vernicklung eine große praktische Bedeutung hat. Außer der galvanischen Vernicklung kann man das Nickel aufspritzen oder eine Nickelschicht auf die zu bedeckende Oberfläche aufwalzen. Wegen der verhältnismäßig edlen Natur des Nickels geben poröse Stellen von Vernicklungsschichten, die auf unedleren Metallen wie Eisen sich befinden, zu einer starken Korrosionsbeschleunigung des Grundmetalls Veranlassung. Zum Schutz hiergegen wird z. B. eine Verkupferung — oder beim Eisen eine anodische Behandlung mit Chromsäure ausgeführt (R. I. S. 823).

Als Legierungsmetall wird Nickel sehr vielseitig benutzt. Die Chromnickelstähle, bei denen ein Zusatz von 8% Nickel für den Korrosionsschutz gegenüber stark angreifenden chemischen Einflüssen entscheidend ist, sind bereits auf Seite 95 behandelt. Bekannt ist ferner das Monelme all (67% Nickel, 28% Kupfer und 5% andere Metalle, wie Eisen, Mangan, Silicium, (R. I. S. 824)). Ähnlich wie Nickel wird auch Monel-Metall durch Schwefelsäure bei Sättigung mit Sauerstoff über 40 mal so stark angegriffen wie bei Ausschluß von Sauerstoff (R. I. S. 835).

4. Cadmium

Cadmium findet als reines Metall kaum Verwendung, wohl aber in Form von Überzügen zum Schutz von Eisen, Kupferlegierungen und besonders Aluminium und Magnesium. Obwohl Cadmium ebenso unedel ist wie Eisen, verhält es sich im Bezug auf Korrosion viel günstiger. Ob hierfür schützende Oxydhäute oder die Tatsache, daß Cadmium im Gegensatz zum Eisen Ionen mit nur einer Wertigkeit bildet, in erster Linie verantwortlich zu machen ist, ist eine offene Frage. Bemerkenswert ist jedenfalls die völlige Beständigkeit des Cadmiums gegen 3 und 10%ige Kochsalzlösung (R. I. S. 287). Cadmiumüberzüge sind weniger porös, duktiler und fester als Zinküberzüge, so daß einer 0,0076 mm dicken Cadmiumschicht ein besserer Schutz zugeschrieben wird als einer 0,0253 mm dicken Zinkschicht (R. I. S. 287).

5. Sonstige Metalle

Die übrigen Metalle brauchen vom Standpunkt der Korrosion hier nicht erörtert zu werden. Entweder sind sie so unedel, daß sie, wie die Alkalien und Erdalkalien, in Gegenwart von Feuchtigkeit und Sauerstoff außerordentlich stark, oft unter Explosionserscheinungen, korrodieren, so daß ihre Verwendung von vornherein ausscheidet, oder es handelt sich um Metalle, die wegen ihrer edlen Natur praktisch korrosionsfest sind und deswegen hier nicht besprochen zu werden brauchen (Edelmetalle, Gold, Platin usw.). Schließlich fehlen noch Metalle, bei denen entweder wegen ihres seltenen Vorkommens (seltene Erden) oder ihrer verhältnismäßig unbedeutenden technischen Verwendung eine Behandlung des Korrosionsverhaltens in einem kurzgefaßten Buch nicht nötig erscheint.

F. Weitere Maßnahmen zur Verhütung der Korrosion

1. Korrosionsschutz bei elektrisch bedingter Korrosion

In elektrischen Kraftwerken sowie an stromdurchflossenen Metallteilen kann immer dann eine elektrolytische Korrosion eintreten, wenn der elektrische Strom Gelegenheit hat, in eine gut leitende Flüssigkeit überzutreten. Da sich der Strom bekanntlich den kürzesten Weg sucht und Metalle den Strom besser leiten als Flüssigkeiten, werden Übergangswiderstände in der metallischen Stromleitung die Abzweigung von Irrströmen in die das Metall umgebende Flüssigkeit begünstigen. Korrosionsschäden dieser Art werden durch Beseitigung von Isolationsfehlern bekämpft (Siegel, S. 44). Besonders gefährlich ist Gleichstrom. Die durch Wechselstrom hervorgerufene Korrosion beträgt nach Hahn im allgemeinen nur etwa 1% der durch Gleichstrom verursachten und erreicht nur in besonderen Fällen etwa 10% hiervon (Siegel, S. 61). Es ist jedoch zu bedenken, daß mit sinkender Frequenz der Wechselstrom gefährlicher wird, weil dann die kathodische Phase den in der anodischen Phase hervorgerufenen Schaden in geringerem Maße beheben kann. Es muß jedenfalls bezweifelt werden, ob es berechtigt ist, den Wechselstrom als harmlos anzusehen (E. S. 38).

2. Korrosion und Korrosionsschutz im Boden

a) Bodenkorrosion

Bei der Bodenkorrosion sind die Umwelteinflüsse besonders vielseitig. Neben den bei der Korrosion auch sonst vorhandenen Einflüssen, wie Sauerstoffgehalt, pHwert und Salzgehalt der angreifenden Lösung, kommen hier noch die Eigenarten des Bodens hinzu. Die je nach der Bodenart sehr verschiedene Durchlässigkeit gab Veranlassung, die Plastizitäts- und Fließgrenze des Bodens als besonderes Merkmal für die Bodenaggressivität heranzuziehen (Klas S. 126). Bei der Bodenkorrosion ist der Einfluß der Umwelt so stark, daß die Eigenarten des Metalls, insbesondere beim Eisen, an Bedeutung zurücktreten.

Die Schwierigkeiten bei der Anstellung und Auswertung von Bodenkorrosionsversuchen haben zur Festlegung eines Normblattes über Richtlinien für die Durchführung von Bodenkorrosionsversuchen Anlaß gegeben (DIN E 4860, K. 1940, S. 164—166). So sollen zur Erfassung des zeitlichen Korrosionsverlaufes eine Anzahl gleichartiger Proben benutzt werden, von denen in gewissen Zeitabständen jedesmal 2 entnommen werden können, ohne daß hierbei die benachbarten Proben beeinflußt werden. Die Versuche sind wegen der verschiedenartigen Bodeneigenschaften als Vergleichsversuche anzustellen. Eine besondere Berücksichtigung erfordern die benachbarten Bodenschichten, die Grundwasserverhältnisse, die atmosphärischen Einwirkungen während der Versuchsdauer, biologische und elektrochemische Einflüsse. Die Beschaffenheit des Bodens auf Grund einer chemischen und mechanischen Bodenanalyse sowie die Luftdurchlässigkeit ist von Bedeutung. Da die Entnahme des Bodens aus seiner ursprünglichen Lage die korrodierende Wirkung beeinflußt, wird ein Laboratoriumsversuch mit dem praktischen Versuch nur dann übereinstimmen, wenn ein bestimmter chemischer Stoff die Korrosion eindeutig maßgebend beeinflußt. Beim Laboratoriumsversuch soll nicht weniger als $^1/_2$ m^3 Boden benutzt werden.

Elektrochemische Korrosionsversuche im Boden wurden mit 2 Stahlelektroden ausgeführt, zwischen denen sich der zu messende Boden befindet und an denen eine Spannung von 0—3 Volt liegt. Die siebförmig ausgebildete eine Elektrode ist infolge stärkerer Belüftung kathodisch. Ein Vergleich von Resultaten, welche mit dieser in Amerika für normungsreif gehaltenen Anordnung bei praktischen Versuchen an 47 verschiedenen Orten in Amerika erhalten wurden, hatte folgende Ergebnisse (Schikorr 10):

1. Die Angriffsfähigkeit der Böden ist sehr verschieden.
2. Die Korrosionsgeschwindigkeit verändert sich mit der Zeit, und zwar bei den verschiedenen Böden in verschiedenem Maße.
3. Die Tiefe der tiefsten Einfressungen hängt von der Probengröße ab.

4. Die Gütefolge verschiedener Werkstoffe in verschiedenen Böden ist verschieden.
5. Zwischen Tiefe der Einfressungen und Gewichtsverlust besteht keine einfache Beziehung.
6. Die Übereinstimmung der Werte von 2 Parallelversuchen ist mitunter schlecht.

Neben dem Eisen wird auch Blei vielfach im Boden verlegt, z. B. für Telefonkabel. Tonige und torfige Böden können Blei angreifen. Es ist ferner zu bedenken, daß Blei gegen alkalische Einflüsse (Mörtel und Portlandzement) besonders empfindlich ist. Schließlich können an Bleirohren durch unterschiedliche elektrochemische Eigenschaften der Umgebung, wie verschiedener Salzgehalt, galvanische Elemente entstehen, welche nach folgendem Schema zusammengesetzt sind: Blei/salziger Boden/gewöhnlicher Boden/Blei (E. S. 213).

Merkmale zur Beurteilung der Korrosionseigenschaften des Bodens sind in der folgenden Tabelle 27 enthalten (Klas, S. 133). Ein in U.S.A. neuerdings angestellter Vergleich zahlreicher bekannter Methoden zur Abschätzung der Bodenkorrosion von Stahlrohren führte zu dem Ergebnis, daß keine Methode mit einiger Sicherheit vorauszusagen in der Lage ist, wo der stärkste Angriff erfolgen wird (Logan 1940).

b) Schutzmaßnahmen zur Vermeidung der Bodenkorrosion

Bei stark angreifenden Böden umgibt man das gefährdete Metall mit einer isolierenden Masse, z. B. mit porösen Ziegeln oder ähnlichen Stoffen. Ein wirksamer Schutz wird auch durch Kalk erreicht. Ein gutes und billiges Verfahren zur Verhütung der Graphitisierung gußeisener Rohre besteht darin, daß man das Rohr mit einer 10 cm dicken Schicht einer Mischung von 6 bis 7 kg Kalk auf einen m^3 Ton umkleidet, wobei genügend Wasser zugesetzt werden muß, um Plastizität zu erzielen. Rohre mit Zink- und Bleiüberzügen korrodieren viel langsamer als solche ohne Überzug, wobei im Ganzen der Verzinkung der Vorzug gebührt (E. S. 208). Allerdings sind verzinkte Rohre nicht für stark saure

Tabelle 27

Richtlinien für die Bodenbeurteilung.

Auf der linken Seite sind die Merkmale angegeben, die in korrosionschemischer Hinsicht eine günstige Beurteilung zulassen. Rechts finden sich die Merkmale für ungünstige Beurteilung.

Günstig	Ungünstig
A. Struktur:	
Gleichartig	Ungleichartig
Gleichförmig	Ungleichförmig
B. Mechanische Bodenzusammensetzung:	
Sand	Ton
Ständiger Lehm	Kolloidaler Ton
Lehm	Moorböden
Kalkboden	Schlickböden
	Schlackenböden und ähnliche aufgeschüttete Böden
C. Chemische Zusammensetzung und chem. Eigenschaften:	
Alkalischer oder neutraler pH-Wert	Saurer pH-Wert
Keine oder geringe Gesamtacidität	Hohe Gesamtacidität
Geringe Leitfähigkeit bzw. geringer Elektrolytgehalt	Hohe Leitfähigkeit bzw. hoher Elektrolytgehalt
Hohe Carbonathärte der Bodenflüssigkeit	Niedrige Carbonathärte bei hoher bleibender Härte
Calcium- und Magnesiumbicarbonat bzw. -carbonat	Calcium- und Magnesiumchlorid- bzw. Sulfatgehalt
	Sulfide bzw. Schwefelwasserstoff Ammoniak
	Saure Humusstoffe

Böden geeignet, da der Angriff von verzinkten Proben im Boden von pH 4 etwa 50mal so stark war als bei pH 7,5 (Isgarischew). Auch bituminöse Überzüge erweisen sich als vorteilhaft für den Rohrschutz im Boden. Man kann sie jedoch nicht in Form von Anstrichen auftragen, sondern muß sie durch feste Beimengungen (filziges oder gewebtes Material) verstärken, um eine Widerstandsfähigkeit gegen den Druck der Erdschollen zu erzielen.

c) Korrosion und Korrosionsschutz im Erdboden beim Vorhandensein von vagabundierenden Strömen

Maßgebend für die Stärke dieser Korrosionen ist die sogenannte Erdstromdichte, d. h. die Dichte des aus der Berührungsfläche des Gegenstandes mit dem Erdboden in die umgebene Erde austretenden Stromes. Als Maßeinheit gilt 1 Milliampere pro Quadratdezimeter. Das entspricht nach dem Faradayschen Gesetz einer Korrosion von 0,12 mm pro Jahr bei Eisen und von 0,3 mm pro Jahr bei Blei. Verschiedene Meßmethoden dieser Erdstromdichte sind im Normblatt DIN E. 4861 angegeben, welches Richtlinien für die Festlegung der für die Bodenkorrosion maßgebenden Fremdströme enthält (DIN E 4861 K. 1940, S. 167—169).

Besonders groß sind die vagabundierenden Ströme, welche von elektrischen Straßenbahnen ausgehen und für Rohre und Kabel, die in der Nähe liegen, gefährlich sind. So wurde bei einem 15,25 cm Wasserrohr ein Strom von fast 70 Ampere festgestellt (E. S. 26). Gute elektrische Kontakte zwischen den einzelnen Schienen sowie eine günstige Verteilung der negativen Sammelpunkte seien als allgemeine Vorsichtsmaßnahmen erwähnt. Es ist zu vermeiden, Salz etwa zur Verminderung des Einfrierens an die Schienen zu bringen. Mit Erfolg hat man das korrodierende Rohr oder Kabelsystem im Boden in metallische Verbindung mit den negativen Stromschienen gebracht (E. S. 29). Da jedoch bei dieser Maßnahme eine erhöhte Strommenge durch die Metalle fließt, bedeutet jeder Übergangswiderstand eine erhöhte Gefahr, außerdem könnten in der Nähe eingegrabene und nicht metallisch angeschlossene Metallteile verstärkt angegriffen werden (E. S. 29).

Versuche, die korrodierenden Teile durch kathodischen Schutz zu sichern, sind mit verschiedenem Erfolg in den verschiedenen

Ländern immer wieder gemacht worden (E. S. 30). So können eiserne Rohrleitungen im Boden durch das unedlere Zink kathodisch geschützt werden. Hierbei kommt es auf die richtige Verteilung der Zinkstücke an den Rohren an. Guter Kontakt zwischen Erdboden und Anode ist erforderlich. Zu berücksichtigen ist die chemische Beschaffenheit des Bodens. Praktische Hinweise für eine solchen Schutz und dessen rentable Gestaltung geben Thompson-Smith und Marschall (Tompson 1940).

3. Korrosionsschutz durch konstruktive und bauliche Maßnahmen

Zunächst ist die Auswahl des geeigneten Werkstoffs (Tabelle 29 S. 148) eine der wesentlichen Maßnahmen, um einer unnötigen Metallzerstörung zu begegnen. Das gilt nicht nur für Rohrleitungen sondern für sämtliche Konstruktionen und Bauteile, die in irgendeiner Weise durch Korrosion gefährdet sind. Die neuste Entwicklung auf dem Gebiet neuer Werkstoffe eröffnet hier vor allem durch die Bereitstellung neuartiger Kunststoffe große Möglichkeiten.

Abgesehen von der Verwendung des zweckmäßigsten Materials ist sodann die Bauweise und Gestaltung vom Standpunkt des Korrosionsschutzes wichtig. Es müssen Stellen vermieden werden, in denen sich korrodierende Flüssigkeiten ansammeln können. Dächer, Brücken und alle der Atmosphäre ausgesetzten Metallteile sollen möglichst wenig Ecken und Winkel und tote Räume besitzen, um überall für den Wasserablauf möglichst günstige Bedingungen zu schaffen. Daher ist die moderne Bauweise, welche einfache Linienführung und glatte Flächen bevorzugt, auch im Hinblick auf den Korrosionsschutz günstig.

Auch kleinere Fugen, Spalten und Undichtigkeiten bieten den korrodierenden Flüssigkeiten leicht Zutritt und müssen daher vermieden werden. Besonders bei Nietverbindungen ist darauf zu achten, daß bei Kondensation, Taubildung oder Regen die Metalloberfläche keine Stellen enthält, an denen das Wasser zurückgehalten wird. Wenn Schutzüberzüge verwandt werden, muß genügend Platz vorhanden sein, um den Überzug bequem aufbringen zu können. Bei Bauteilen, die gleichzeitig einer Korrosion und einer mechanischen Beanspruchung ausgesetzt sind, muß man die Metallteile stark genug machen bzw. durch einen Anstrich oder eine sonstige Oberflächenbehandlung schützen.

Schon diese kurze Zusammenstellung einiger konstruktiver und baulicher Korrosionsschutzmaßnahmen läßt die Bedeutung und Vielseitigkeit der hier vorhandenen Aufgaben erkennen. Abschließend sei erwähnt, daß eine der letzten in Deutschland jährlich veranstalteten Korrosionstagungen (1936) sich das Thema „Korrosion und Konstruktion" gestellt hatte (Korrosion VI, VDI-Verlag, 1938, Berlin NW 7).

4. Schutz durch Anstriche und Anstrichprüfung

a) Schutz durch Anstriche

Der Korrosionsschutz durch Anstriche ist ein Sondergebiet von solchem Umfang, von solcher wirtschaftlichen Bedeutung und von solcher Kompliziertheit, daß hier nur kurze Bemerkungen gemacht werden können, die keinenfalls das ganze Gebiet umreißen, sondern mehr als Beispiele vorwiegend aus der neueren Entwicklung aufzufassen sind. Das Aufbringen von Anstrichen auf Metallen ist jedenfalls die bekannteste und auch wichtigste Korrosionsschutzmaßnahme. Ausführliche Darstellungen der verschiedenen Anstrichgebiete (Bituminöse Anstriche, Kunstharze, Ölfarben und Lacke, Vinylpolymerisate) aus der Feder von anerkannten Fachleuten, wie Eisenstecken, Wolff, Schultze, Hartmann und Hessen, sind in Band III Korrosionsschutz des Handbuches: Die Korrosion metallischer Werkstoffe von Bauer, Kröhnke und Masing enthalten (B. III.)

Eine wesentliche Vorbedingung ist zunächst eine Reinigung der anzustreichenden Oberfläche. Nicht nur Fett und Schmutz müssen entfernt werden, sondern auch Rostschichten, da sonst der Anstrich schlecht haftet. Daher muß auch die Walzhaut des Eisens vorher entfernt werden, was man früher durch langes Lagern im Freien erreichte. Vielfach wird die Reinigung der Oberflächen durch Drahtbürsten mit der Hand vorgenommen. Wirksamer ist die Bearbeitung des Metalls durch Sandstrahlen. Hierher gehört auch das auf Seite 94 u. 95 behandelte Beizen von Metallen mit Säure.

Ein Anstrich besteht aus einem Pigment und einem Bindemittel (Öl). Die Pigmente oder Farbkörper sind meist Metallverbindungen

(Blei-, Chrom-, Zinkfarben). Zum Schwärzen ist feinverteilter Kohlenstoff in Form von Ruß oder Graphit geeignet. In metallischem Zustand benutzt man nur Aluminium. Als ein für Eisenanstriche besonders wichtiges Pigment sei Bleimennige herausgegriffen, die neuerdings durch mit Ammoniak beladene Aktivkohle ersetzt werden kann (Prill 1940). Mennige hat die Eigenschaft, das Eisen zu passivieren, sie wirkt also rein chemisch schützend auf die Eisenoberfläche. Es gibt eine ganze Reihe von Anstrichen, welche ebenso wie Mennige einen besonderen chemischen Schutz auf das Grundmetall ausüben (Chromathaltige und alkalisch wirkende Anstriche). Weitere Pigmente für Rostschutzfarben sind: Eisenglimmer, Zinkoxyd, Hammerschlag und Silkar (gemahlenes Siliciumkarbid).

Die Pigmente werden in das Bindemittel eingerührt, welches aus einem an der Luft trocknendem Öl besteht (Leinöl, Holzöl, Sojabohnenöl). Heute werden vielfach Bindemittel aus ölarmem Kunstharz verwandt. Man nennt die so hergestellten Anstriche Kunstharzlacke oder synthetische Lacke. Diese neuen Produkte besitzen eine größere Wetterfestigkeit, mechanische Widerstandsfähigkeit und Wasserbeständigkeit als die Ölfarben (Sarx 1940). Dazu kommt noch die raschere Trocknung der Kunstharzlacke. Während eine Kunstharzgrundierung schon nach 4 Stunden überstrichen werden kann, muß Mennige 2 Tage trocknen (Sarx 1940).

Noch neuer als die Kunstharzrostschutzfarben sind die Chlorkautschukfarben, welche sich gegenüber anderen Anstrichen durch die Schutzwirkung gegen starke chemische Einflüsse (Säuren, Laugen, angreifende Dämpfe) auszeichnen. Wegen ihrer Wasserbeständigkeit finden sie auch für Badebassins Verwendung (Sarx 1940). Nachdem durch die Chlorkautschukfarben die Brauchbarkeit chlorhaltiger Bindemittel erwiesen war, hat man auch Polyvinylchloridderivate, die als thermoplastische Kunststoffe (Mipolam) bekannt sind, für diesen Zweck benutzt. Ebenso wie Chlorkautschuk lassen sich auch diese neuen Stoffe mit Bitumen, Teer und pechhaltigen Anstrichen kombinieren, wodurch diese Materialien für den Rostschutz erhöhte Bedeutung gewinnen (Schultze 1940). In diesem Zusammenhang sei erwähnt, daß ähnliche Kunststoffe (Bezeichnung Oppanol) bis 130° verwandt werden können (Chemikerzeitung 1940, S. 457).

Ein Unterwasseranstrich ist außer durch mechanische Beanspruchung (Eis, Sand und Wellenschlag) durch industrielle Verunreinigungen, Öl vom Schiffsverkehr und Bewuchs durch Organismen gefährdet. Eine praktisch gute Haltbarkeit gegen die angreifenden Eigenschaften verschiedener Wässer besitzen bitumenhaltige Anstriche, wobei vielfach eine bestimmte Mennigegrundierung zuerst vorgenommen wird (B. III, S. 201). Nach Feststellungen von Walther lassen sich bei Bitumenanstrichen Schädigungen durch oxydativen Abbau unter Lichtwirkung durch Hemmstoffe, die als Katalysatorgifte bekannt sind, merkbar verzögern (Walther 1). Abschließend seien noch die hochwertigen und teuren Nitrozelluloselacke (Autolacke) genannt und betont, daß man, wie Peters bemerkt, eine verwirrende Anzahl von Sonderanstrichen in Kauf nehmen muß, wenn man hohe Anforderungen an die Widerstandsfähigkeit stellt (Peters).

b) Anstrichprüfung

Die Prüfung der Güte und Haltbarkeit von Anstrichen umfaßt eine Reihe von Untersuchungen, die untereinander sehr verschieden sind. Zunächst sind es mehr physikalische Eigenschaften wie Streichbarkeit, Trockenfähigkeit und Deckfähigkeit, welche den Wert eines Anstriches bedingen. Dazu kommt dann die Widerstandsfähigkeit gegen rein mechanische Beanspruchungen, wie Ritzhärte, Abreibbarkeit, Scheuerfestigkeit und Haftfestigkeit. Alle diese Eigenschaften werden durch eine Reihe besonderer Prüfverfahren untersucht. Um auf diesem Gebiet einheitliche Methoden zu schaffen, hat man in Ral-Blatt Nr. 840 A2[1]) (Reichsausschuß für Lieferbedingungen) Einheitsverfahren für die einfache Prüfung von Lacken und Farben festgelegt (B. III, S. 152 bis 157). Die verschiedenen Körperschaften aus den Kreisen der Erzeuger, Großhändler und Verbraucher sowie Behörden, Prüf- und Forschungsanstalten haben die in diesem Blatt niedergelegten Richtlinien angenommen. Einige dieser Prüfungen, wie diejenige auf Wasserbeständigkeit sowie auf Sodabeständigkeit, sind praktisch mit einer Korrosionsprüfung gleichbedeutend, so daß sie im Folgenden kurz besprochen werden sollen.

---

[1]) Wird geliefert durch die Beuth-Vertrieb G. m. b. H., Berlin SW 68, Dresdener Str. 97.

Bei der Messung der Wasserbeständigkeit wird ein mit Schmirgelpapier entrostetes glattes Eisenblech mit dem Anstrich versehen. 48 Stunden nach dem letzten Auftragen stellt man das Blech so in ein mit Wasser gefülltes Gefäß, daß die Hälfte des Anstrichs mit Wasser bedeckt ist. Will man die Sodabeständigkeit messen, so läßt man eine auf 50° erwärmte Sodalösung (50 g kalzinierte Soda im Liter) eine Stunde einwirken und spritzt dann 1 Minute lang mit einem kräftigen Wasserstrahl ab. Nach dieser Behandlung darf der Anstrich nicht abblättern und soll sich auch in Bezug auf Glanz und Farbe von der nicht in die Sodalösung eingetauchten Hälfte nicht unterscheiden.

Für die Witterungsprüfungen sowie die Kurzprüfungen gelten ähnliche Voraussetzungen und Richtlinien wie für eine entsprechende Korrosionsprüfung. Der enge Zusammenhang zwischen Anstrich- und Rostprüfung geht daraus hervor, daß für diesen Zweck (Schätzung des Rostungsgrades) die von Schulz und Droste entworfenen Normenrostbilder empfohlen werden, welche im Normenblatt DIN DVM 3210 festgelegt sind (B. III, S. 160).

Zur Kurzprüfung werden Wechselbeanspruchungen der verschiedensten Art angewandt. Man läßt hierbei Wasser und sonstige angreifende Lösungen, Wasserdampf und korrodierende Atmosphären (wie z. B. Kohlendioxyd oder schweflige Säure) bei verschiedenen Temperaturen einwirken. Hierbei werden die Proben dann nacheinander in wechselnder Zeitfolge und in der verschiedensten Reihenfolge den einzelnen Beanspruchungen ausgesetzt. Die folgende Abb. 50 zeigt die Anwendung einer solchen Kurzprüfung auf 2 Nitrozelluloselacke, welche die gleiche Zusammensetzung und Zähigkeit besaßen, aber von zwei verschiedenen Firmen stammten.

Für bituminöse Anstriche gibt es ebenfalls eine Reihe besonderer Prüfverfahren, die z. T. den mechanischen Korrosionsmessungen ähnlich sind (Dehnbarkeit, Eindringtiefe, Tropfbarkeit, Erweichungspunkt, ferner chemische Prüfungen, wie die Diazoreaktion, das Sulfonierungsverfahren und der Lucksche Antrachinonversuch (B. III S. 205)). Auch andere rein physikalische Methoden sind hier zu nennen, wie die Messung der Fluorescenz, der Oberflächenspannung und der Dielektrizitätskonstanten. So konnte H. Walther feststellen, daß die Dielektrizitätskonstante von Steinkohlenteer bzw. Pechen im Mittel 3,5 und von Bitumen 2,5 betrug (Walther 2). Weitere elektrische Anstrichprüfungen, welche die Abhängigkeit des elektrischen Widerstandes oder der Stromstärke von der Dichte und Porenfreiheit der Überzüge benutzen, werden im folgenden Abschnitt behandelt.

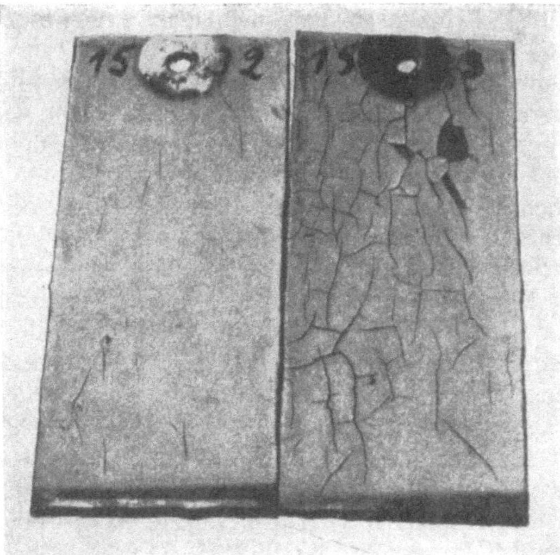

Abb. 50. Anwendung der sogenannten Kurzprüfung auf 2 Nitrozelluloselacke (B. III, S. 162)

c) Prüfung der Dichtigkeit von Deckschichten und Anstrichen auf elektrischem Wege

Wenn eine nichtleitende Deckschicht (Anstrich, Eloxalschicht, Phosphatschicht) undicht wird, muß der ursprünglich sehr hohe elektrische Widerstand um so stärker abnehmen, je mehr Poren entstehen und je größer die Poren sind. Die Änderung des elektrischen Widerstandes oder auch der Stromstärke bei einer bestimmten Spannung kann daher als Maß für die Güte solcher Schichten dienen. So kann man nach Junk den auf Wasserdurchlässigkeit bzw. Porosität zu prüfenden Film auf einem einseitig bedeckten Metall feststellen, indem man einen Pol einer Taschenlampenbatterie mit dem freien Metall und dem zweiten Pol mit einer in Berührung mit dem Film befindlichen Metallbürste verbindet. Ein zwischen beide Pole geschaltetes Telefon zeigt durch lautes Knacken einen Stromdurchgang und damit eine Undichtigkeit an (B. III S. 224). Weitere Prüfverfahren von Anstrichen auf demselben Prinzip werden mehrfach beschrieben (B. III, S. 244—246).

Durch eine einfache Strommessung ohne Benutzung einer äußeren Stromquelle gelingt ebenfalls eine solche Dichtigkeitsprüfung, wenn man dem zu prüfenden Metall in einer Salzlösung ein Platinblech entgegenschaltet und beide Metalle mit einem empfindlichen Stromanzeigeinstrument (10^{6} Ampere oder empfindlicher) verbindet. Wenn das Prüfmetall, soweit es eintaucht, mit einem nichtleitenden Film bedeckt ist, wird kein Strom fließen, solange der Film dicht ist. Je undichter und wasserdurchlässiger der Film ist, um so mehr Strom wird fließen. Wie bereits auf Seite 68 bemerkt wurde, läßt sich so die allmähliche Entstehung der schützenden Phosphatschicht auf Eisen (Parkerverfahren) verfolgen. Die praktische Brauchbarkeit dieser Methode, welche mit der im Abschnitt I, C, 5, b behandelten Reststrommessung identisch ist, für die Prüfung von Anstrichen geht aus Versuchen von Wirth hervor (Wirth 1). Die benutzte Anordnung ist in der Abb. 51, a und b dargestellt (Wirth 2, 1940, S. 72). Der Strombügel war während der Versuchsdurchführung kurz geschlossen und wurde für die Ausführung der Messung durch ein empfindliches Galvanometer ersetzt. Die zu messenden Körperfarben wurden mit Leinölfirnis, unter Zusatz von etwas Terpentin, aber ohne künstliche Trockenmittel angerieben und vor Beginn der Versuche 14 Tage bei Zimmertemperatur gelagert. Die Meßergebnisse sind der Abb. 52 wiedergegeben.

Die Stromkurven verlaufen außerordentlich verschieden. Bleimenge und Eisenglimmer (1 u. 3) gehören zu den besten Rostschutzfarben und waren nach der Versuchsdurchführung dicht und festhaftend. Eisenoxydrot und Ocker, 4 und 2, sind dagegen rost- und quellungsfördernde Körperfarben. Die geprüften Filme dieser beiden Farben waren am Versuchsende von Blasen durchsetzt, stark gequollen und hafteten kaum noch am Metall. Eine Mittelstellung

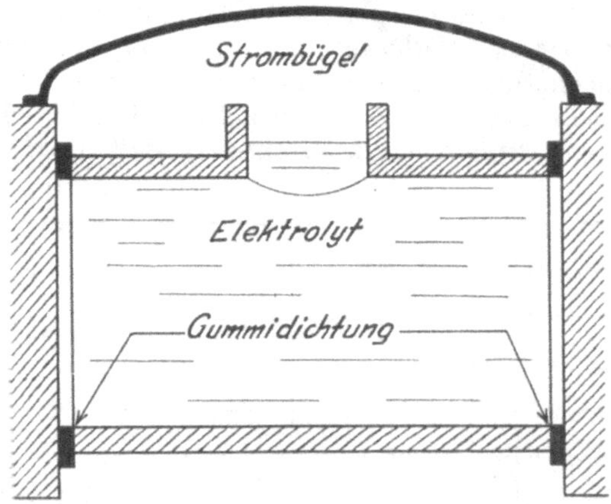

a

b

Abb. 51a und b. Lokalelementmodell zur Messung des Ionendurchschlupfes durch einen auf der Eisenoberfläche festhaftenden Anstrichfilm.

a) Schematische Zeichnung.

b) Äußere Ansicht (Wirth 2, S. 72)

nahmen die Anstriche Graphit und Bleiweiß, 6 und 7, ein. Mit dem so beschriebenen Verhalten stehen nun, wie die Abb. 52 zeigt, die gefundenen Stromwerte in einem überraschenden Einklang. Korrosionsmessungen an mit Schutzfilmen bedeckten Metallen wurde bisher dadurch stark erschwert, daß man erst dann

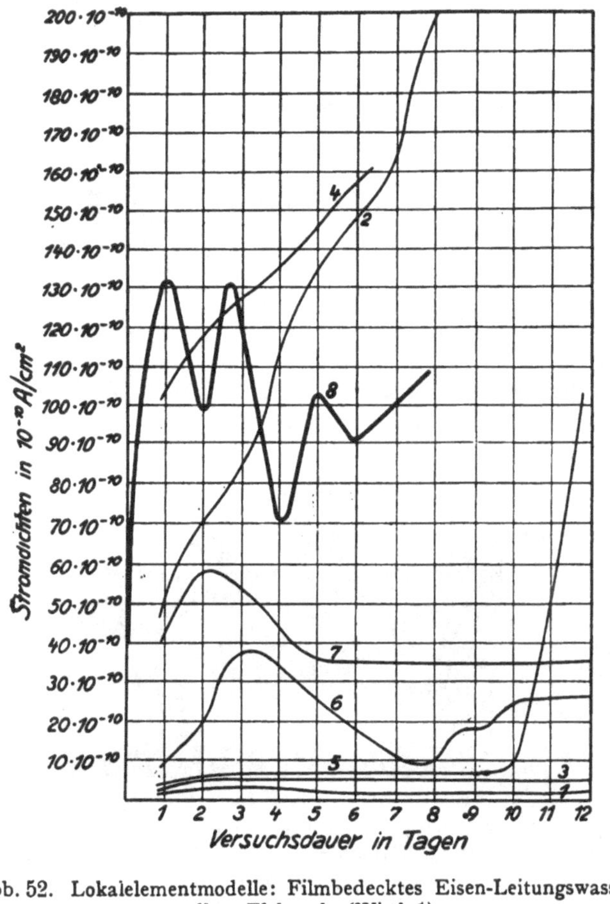

Abb. 52. Lokalelementmodelle: Filmbedecktes Eisen-Leitungswasser, edlere Elektrode (Wirth 1)

Ergebnisse erhielt, wenn der Schutzfilm schon zerstört war. Die Messungen der Abb. 52 liefern dagegen Werte, welche zur schnellen Vorausbestimmung der wahrscheinlichen Schutzwirkung neuer Anstriche, also für Korrosionsverhütungsforschungen, brauchbar sind. Mit Hilfe der Strommessung konnte Wirth weiterhin die

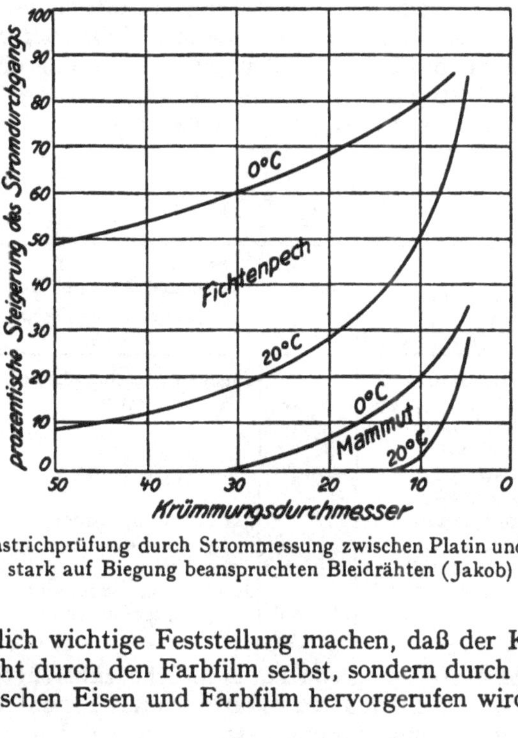

Abb. 53. Anstrichprüfung durch Strommessung zwischen Platin und verschieden stark auf Biegung beanspruchten Bleidrähten (Jakob)

grundsätzlich wichtige Feststellung machen, daß der Korrosionsschutz nicht durch den Farbfilm selbst, sondern durch die Grenzfläche zwischen Eisen und Farbfilm hervorgerufen wird (Wirth 2 S. 71).

Auf eine gänzlich andere Art wurde die Strommessung nach älteren Versuchen von Jakob zur Bewertung von Anstrichen benutzt (Jakob). Fichten- und Mammutpech wurde auf Bleidrähte von 5 mm Durchmesser aufgetragen und die Drähte dann durch die Biegung so beansprucht, daß ganz bestimmte Krümmungsdurchmesser erhalten wurden. Die in der Abb. 53 dargestellten Strommessungen zwischen den in der beschriebenen Weise vorbereiteten Bleidrähten und einer Platinelektrode lassen die Undichtigkeiten der Peche mit wachsender mechanischer Beanspruchung erkennen. Das durch die Messung festgestellte bessere Verhalten des Mammutpechs gegenüber dem Fichtenpech steht mit der Praxis im Einklang.

Man kann für eine derartige Anstrichprüfung auch eine äußere Stromquelle benutzen. Beim Verfahren von Duffeck, welches in der anodischen Niederschlagung organischer Farbkörper besteht, wird an das zu prüfende Metall unter Verwendung einer unlöslichen Gegenelektrode eine Spannung gelegt, welche je nach dem benutzten Farbkörper, wie die Tabelle 28 erkennen läßt, verschieden sein kann.

Tabelle 28 (B. III, S. 555)

Nr.	Indikator	Abscheidungsspannung in V	Farbe und Abscheidungs-dungsform der Farbkörper	Zeit der Abscheidung in Sekund.
1	Alizarin-sulfosaures Natrium	10—30	purpurrot, amorph, feinkörnig	10—15
2	p-Benzolsulfonsäure-azo-Benzylnyilin, Kaliumsalz	20—30	gelborange, voluminös	10—15
3	p-Benzolsulfonsäure-azo-Naphtylamin, Natriumsalz	20—100	dunkelbraun, amorph, dicht	5—10
4	Tryphenyl-Rosanilin, Trisulfosäure, Natriumsalz	10—30	dunkelblau, kristallin, schuppenförmig	10—20

Bei dieser Feststellung von Poren in Schutzüberzügen wird der anodisch (+) geschaltete Prüfkörper unter Strom in die den Indikator enthaltende Lösung getaucht, wobei Poren und ähnliche Undichtigkeiten sich durch Abscheidung der Farbkörper zu erkennen geben. Bei vorsichtigem Abspülen des Prüfkörpers mit Wasser und nachherigem langsamem Trocknen bleibt die Haftfestigkeit der Farbkörper auf den Proben längere Zeit beständig. Die Abb. 54 und 55 zeigen auf diese Weise sichtbar gemachte Fehlstellen von Eloxalschichten.

5. Korrosionsschutz von Rohrleitungen

Abschließend soll der Korrosionsschutz von Rohrleitungen hier noch kurz besprochen werden, um zu zeigen, daß bei der praktischen Beurteilung von Korrosionsfragen auch nichtmetallische Stoffe eine wesentliche Rolle spielen. Fast alle festen nicht-

Abb. 54. Abscheidung des orangegelben Farbkörpers aus Indikator Nr. 2 (vgl. Tabelle 28) auf einer künstlich verletzten Eloxalschicht (B. III, S. 554)

Abb. 55. Abscheidung des dunkelbraunen Farbkörpers aus Indikator Nr. 3 (vgl. Tabelle 28) an den durch Biegen entstandenen Rissen eines eloxierten Blechs (B. III, S. 554)

metallischen Rohstoffe (Glas, keramische Stoffe, Zement, Holz usw.) stehen, wie die folgende Tabelle 29 zeigt, beim Bau von Rohrleitungen im Konkurrenzkampf mit den Metallen (Mathias).

Die Frage des Rohrleitungsschutzes im Erdboden sowie das Verhalten der Kondensator- und Verdampferrohre, die vorwiegend aus Messing bestehen, wurde bereits in den Abschnitten II, D, 2 und II, F, 2 behandelt. Die Korrosionsverhütung durch Verwendung nichtmetallischer Rohstoffe ist im vorliegenden Buch, das ausdrücklich auf die Metallkorrosion beschränkt wurde, nicht mitberücksichtigt worden. Da aber andrerseits das Problem der

Korrosionsverhütung, wenn man es allgemein betrachten will, eine Einbeziehung nichtmetallischer Werkstoffe erfordert, wird zum Abschluß die Tabelle 29 gebracht, um auf die große Bedeutung der nichtmetallischen korrosionsschützenden Roh- und Austausch stoffe wenigstens hinzuweisen.

Tabelle 29 (Chemikerzeitung 1940, 339)

Angreifendes Mittel	Aggregatzustand usw.	Werkstoffe für Rohrbau
Chlorwasserstoff .	Gas	Quarzgut, Steinzeug, Glas.
Chlorwasserstoff .	Wäss.Lös.-Salzsäure	Quarzgut, Steinzeug, Glas, Hartgummi, gummierter Stahl, Legierungen
Chlorwasserstoff .	Flüssig	Schmiedeeisen, Stahl
Salpetersäure aus Ammoniak	Lösung	Eisensiliciumguß, V2A, 15—30% Cr-Stahl, Glas, Steinzeug
Bleikammer-Schwefelsäure	Lösung	Für Säuren unter 75%ig. Blei, für solche über 90%ig. Stahl, Ferrosiliciumguß, VA-Stähle
Kontakt-Schwefelsäure	SO_3-Dämpfe	Flußstahl, V2A
Kontakt-Schwefelsäure	Oleum	Flußstahl, Eisensiliciumguß
Mischsäuren	Lösung	Stahl für konz. M, Eisen silicium für H_2SO_4 unter 20%, 28%ig. Cr-Stahl, V2A, Reinaluminium
Phosphorsäure	Lösung	Steinzeug, Quarz
Borsäure	Lösung	Blei, 14%ig. Cr-Stahl, V2A
Flußsäure	Lösung	Blei, gummierter Stahl, Blei mit Palatolanstrich
Schweflige Säure	Lösung	Blei, Blei- oder Silasitauskleidung, Hartgummiauskleidung, V2A, Steinzeug
Schweflige Säure	Trock.Gas	Stahl, Gußeisen
Schweflige Säure	Feuch.Gas	Steinzeug, Blei, Aluminiumbronze (unter 150° C)
Essigsäure	Lösung	Kupfer, Eisensiliciumguß, Hartgummi (unter 80° C), Weichgummiauskleidung (für Säuren unter 20% und unter 50° C), Aluminiumbronze, V2A-Stahl, Monelmetall (für Speiseessig)
Fettsäuren		Kupfer, Eisensiliciumguß, Monelmetall, V2A-Stahl

Angreifendes Mittel	Aggregatzustand usw.	Werkstoffe für Rohrbau
Phenol		Zinn, Silber (für reinestes Ph.), VA-Stahl, Silumin (bis 80%)
Milchsäure		Kupfer, Gummiauskleidung, Hartgummi, V2A
Citronensäure		Kupfer, Aluminium (für verdünnte Säuren), Hartgummiauskleidung
Fruchtsäuren		Rohrschlangen: Nickel; Rohrleitungen: 15%-iger Cr-Stahl, V2A, Aluminium, Nickel, Monelmetall, Messing, Kupfer
Ameisensäure		Glasauskleidung, Hartgummi
Benzoesäure		V2A, Hartgummi (unter 85° C), Aluminium, Nickel (für Dampf von 250° C)
Phthalsäure		Blei, Stahl (für Anhydrid)
Pikrinsäure		Blei mit Gummiauskleidung, V2A
Salicylsäure		Aluminium, Kupfer, Blei
Ammoniak	Gas	Heiß und trocken: Stahl; feucht: Blei, V2A
Alkalilaugen	Lösung	Stahl, V2A
Alaun	,,	Blei, gummierter Stahl, Messing
Aluminiumchlorid	,,	Gummiauskleidung, Steinzeug
Aluminiumsulfat	,,	Blei- oder Gummiauskleidung, Monelmetall
Ammonnitrat	,,	Gußeisen, V2A, Aluminium
Ammonphosphat	,,	Stahl (kalte Lösung), Eisensilicium (heiße Lösung)
Ammonsulfat	,,	Blei, Gußeisen, Stahl, V2A
Bariumchlorid	,,	Stahl, Gußeisen
Bleichlaugen	,,	Blei, Monelmetall, Eisensiliciumguß, Gummiauskleidung
Calciumhydroxyd	,,	Gußeisen, Stahl
Eisenchlorid	,,	Hartgummi, Holz mit Pech- oder Weichgummiauskleidung
Eisenchlorür	,,	Stahl mit Gummiauskleidung
Ferrisulfat	,,	Gummiauskleidung, Hartgummi
Ferrisulfat	,,	Stahl mit Gummiauskleidung
Kupfersulfat	,,	Kupfer, Blei- oder Gummiauskleidung
Natriumbichromat	,,	Kupfer, Stahl
Natriumbisulfit	,,	Blei
Natriumbisulfat	,,	Blei, Hartgummi, Gummiauskleidung, Stahl (für Schmelze)
Natriumcarbonat, -nitrat, -phosphat	,,	Gußeisen, Stahl
Natriumchlorid	,,	Gußeisen, Kupfer, Monelmetall, Bronze

Angreifendes Mittel	Aggregatzustand usw.	Werkstoffe für Rohrbau
Natriumsulfat	Lösung	Blei, Stahl, V2A
Natriumsulfid	,,	Blei (5—25%, 100° C), Steinzeug
Natrium-thiosulfat	,,	Stahl, Bleiauskleidung
Zinkchlorid	,,	Blei (für kalte Lösungen), Manganbronze, Steinzeug, Gummiauskleidung
Zinksulfat	,,	Blei- oder Gummiauskleidung
Zinnchlorid	,,	Gummiauskleidung (unter 85° C)
Chlor	Trock. Gas	Eisen, Stahl, Steinzeug (heißes Gas), Emaille (kaltes Gas), Gummiauskleidung (unter 85° C), Eisensiliciumguß (unter 100° C)
Chlorwasser	Lösung	Gummiauskleidung, Blei
Schwefel, Chlorschwefel		Gußeisen (unter 150° C), Stahl (fester Schwefel)
Schwefelwasserstoff	Gas	Kalt: Stahl, Aulminium; heiß: V2A, hochlegierte Cr-Stähle
Sauerstoff/Stickstoff	,,	Bei normaler Beanspruchung: Stahl
Wasserstoff	,,	Temperatur bis 250° C, niedriger Druck: Stahl
Alkohole		Gußeisen, Kupfer, Nickel, Stahl (wird von wasserhalt. A angegriffen)
Äther		Blei, Stahl (bei schwefelsaurem Äther)
Acet-, Benzaldehyd		Stahl, Gußeisen
Formaldehyd		Eisen, Stahl
Benzol, Toluol, Xylol		Gußeisen, Stahl
Chlorbenzol, Schwefelkohlenstoff, Tetrachlorkohlenstoff, Nitrobenzol, Pyridin		Gußeisen, Stahl
Chloroform		Blei
Anilin		Gußeisen, Stahl, V2A, Nicorros, Monelmetall
Gelatine	Lösung	Aluminium

Einen schnellen Ueberblick über die Angreifbarkeit gebräuchlicher Werkstoffe bietet die Dechema-Werkstofftabelle, in welcher der Angriff von über 100 alphabetish geordneten korrodierenden Mitteln enthalten ist (Dechema, Frankfurt a. M., Bismarckallee 25).

SCHRIFTTUM

Althof, F. C. Die Fernschutzwirkung bei Korrosion plattierter Al-Cu-Mg-Legierungen, insbesondere ein auffälliger Fall ihres Ausbleibens. K. 1940, S. 227. (Vgl. S. 110.)

Ammer, G. Chemische Kessel- und Wassersteinbeseitigung, ihre Mittel und Verfahren. W. 1934, S. 81. (Vgl. S. 95.)

Athavale, G. T. und Eilender, W. Beitrag zur Frage der Laugensprödigkeit von Kesselblechen. K. 1940[1]), S. 127—132. (Vgl. S. 60, 103.)

Bayer, K. Der Einsatz von Zink und Zinklegierungen unter besonderer Berücksichtigung der Korrosion. Vortrag auf der Kongreßschau „Werkstoffe und Chemie" in Breslau am 1. Aug. 1940, Die chemische Fabrik, S. 384. (Vgl. S. 125.)

Baukloh 1, W. Glühen unter Schutzgas. K. 1939, S. 358. (Vgl. S. 37.)

Baukloh 2, W. u. Spetzler, E. Über den Einfluß schwefelwasserstoffhaltiger Gase auf Eisen und auf einige Eisenlegierungen. K. 1940, S. 121. (Vgl. S. 106.)

Bond, D. H. Kathodischer Schutz von Ölbehältern. Chemisches Zentralblatt 1940, II, S. 687. (Vgl. S. 97.)

Brenner 1, P. Forschungs- und Prüfungsmethoden der Korrosion. B. II, 1938, S. 1—59. (Vgl. S. 21, 39.)

Brenner 2, P. Über die Normung der Korrosionsverfahren für Leichtmetalle. Die chemische Fabrik 1937, S. 486—491. (Vgl. S. 21.)

Brennert, S. Welches ist die Kathode der Lokalelemente beim Rosten des Eisens? K. 1939, S. 255. (Vgl. S. 66.)

Büttner, G. Rostschutz des Eisens durch Atramentierung. K. 1936, S. 209. (Vgl. S. 68.)

Casali, E. Korrosionsschutz mit Ölemulsionen in Heizungsanlagen. Chemisches Zentralblatt 1940, II, S. 1339. (Vgl. S. 100.)

Centnerszwer, M. Lösungsgeschwindigkeit des Zinns und einiger Zinn-Kupfer-Legierungen in Säuren. Z. Phys. Ch. 141 (1929) S. 297. (Vgl. S. 15.)

---

[1]) Bei den Schrifttumsangaben aus dem Jahre 1940 ist die Jahreszahl im Text hinzugesetzt.

Centnerszwer, M. Zur Theorie der Auflösung der Metalle und metallischer Legierungen. Z. phys. Ch. 141, 1929, S. 297. (Vgl. S. 15.)

Collins, L. F. und Henderson, E. L. Korrosion im Dampfheizungssystemen. Chemisches Zentralblatt 1940, II. S. 818. (Vgl. S. 35.)

Daeves, K. Ursachen der Erhaltung alter Eisensorten. Chemikerzeitung 1938, S. 141. Stahl und Eisen 1940, S. 245. (Vgl. S. 17, 29.)

Dahl, O. und Wunder, W. Kupfer und Kupferlegierungen. B. II. Seite 60 bis 287. (Vgl. S. 120.)

Demski, A. Neues Korrosionsmeßverfahren. Die chemische Fabrik 1939, S. 270. (Vgl. S. 71.)

Ditz, H. und Ullrich, F. Zur Kenntnis der Einwirkung sulfathaltiger Wässer auf Zementmörtel und Beton. K. 1939, S. 156.

Drotschmann, C. Das Zinkblech im Leclanchéelement III, Chemikerzeitung 1929, S. 66. (Vgl. S. 73.)

Ehrenberg 1, W., Zt. f. Metallkunde, 1941, S. 22. (Vgl. S. 58.)

Ehrenberg 2, W., K. 1941, S. 19. (Vgl. S. 71, 74.)

Einheitsverfahren der physikalischen Wasseruntersuchung. E. 1. Verlag Chemie, Berlin 1940. (Vgl. S. 50.)

Eisenstecken, F. Hartmann, W. und Thanheiser, G. Die Vorbereitung der Oberfläche bei Eisen und Stahl für Schutzüberzüge. (B. III. S. 25—111). (Vgl. S. 85.)

Elßner, G. Die anodische Oxydation des Magnesiums. K. 1940, S. 228—235. (Vgl. S. 116, 117.)

Engelhardt, W. u. H. Die Korrosion der Kondensatorrohre. K. 1939, Beiheft 2. S. 31. (Vgl. S. 19.)

Fischer 2, H. Budiloff, N. Oberflächenschutz von Zink und Zinklegierungen durch Chromatüberzüge. K. 1938, S. 353. (Vgl. S. 114.)

Forrest, H. O. Roetheli B. E. and Brown, R. H. The initial Corrosion Rate of Steels. Ind. and engin. Chem. 1930, S. 1197. (Vgl. S. 17.)

Fry 1, A. Berlin, Korrosionsprüfungen metallischer Werkstoffe. 2. Band des Handbuchs der Werkstoffprüfung. Die Prüfung der metallischen Werkstoffe von Prof. Dr. E. Siebel, Verlag von J. Springer, Berlin 1939. Vgl. S. 9, 10, 20, 21, 26, 59, 60, 97.)

Fry 2, A. Duffek, V. und Köck, C. Ursachen der Korrosion von eisernen Lagerbehältern durch Treibstoff und Behebung der Korrosion. K. 1939, S. 217. (Vgl. S. 25.)

Fry 3, A. Stahl und Eisen 1921, S. 1093. R. S. 125. (Vgl. S. 55.)

Gebauer, K. Über die Anwendung des Elektrolytchroms als Korrosionsschutz. K. 1940, S. 299. (Vgl. S. 88.)

Gebhardt, H. T. and Sommer, H. H. Residual current Measurements in Control of Metal Solution in Milk. Ind. Eng. Chem. Anal. Ed. 1931, S. 414. (Vgl. S. 69.)

Giehmann, H. Oberflächenschutz von Elektron. Korrosionsschutz hochfester Magnesium-Knetlegierungen. K. 1938, S. 12. (Vgl. S. 109.)

Gmelin = Gmelins Handbuch der Anorganischen Chemie, 8. Auflage, Eisen, Teil C, Lieferung 2, Prüfung der Kerbschlagzähigkeit, Berlin 1939. (Vgl. S. 57.)

Goldowski 1, N. Koloriskopischer Nachweis der Korrosion mittels pH-Indikator. K. 1937, J. 128. (Vgl. S. 40.)

Goldowski 2, N. Schnellprüfverfahren für die Korrosion von nichtrostenden Stählen. Chim. et Ind. 41. Sond. 4, S. 162—167. Chemisches Zentralblatt 1939, II, S. 2470. (Vgl. S. 52.)

Gollnow, G. Neue Methode zur vergleichenden Korrosionsmessung von Metallen, Chemikerzeitung 1930, S. 110. Ein neues Verfahren zur gleichzeitigen Korrosionskurzprüfung verschiedener Metalle. Die Gießerei 1930, S. 665. Über Methoden und Apparate zur Korrosionsprüfung von Metallen. Die chemische Fabrik 1931, S. 326. (Vgl. S. 67.)

Grubitsch, H. u. Sinigoj, J. Die Heißwasserkorrosion von Zink. I. K. 1940, S. 194. (Vgl. S. 70.)

Guitton, L. Über die Anwendung von Potentialmessungen zum Studium des korrosiven Verhaltens der Metalle. K. 1937, S. 131—144. (Vgl. S. 62.)

Haase 1, L. W. und Dardanelli, P. V. Über Störungen durch Kupfer in Warmwasserbereitungsanlagen und deren Beseitigung. K. 1940, S. 150. (Vgl. S. 16, 66, 99.)

Haase 2, L. W. Verfahren zur Werkstoffprüfung im Wasserfach. Kleine Mitteilungen. Herausgegeben in der Preußischen Landesanstalt für Wasser-, Boden- und Lufthygiene in Berlin-Dahlem, Corrensplatz 1, 1940, S. 35—56. (Vgl. S. 35, 36, 99.)

Haase 3, L. W. Neue Gesichtspunkte bei der Kalt- und Warmwasserkorrosion. K. 1939, S. 150—157. (Vgl. S. 34.)

Haase 4, L. W. Über die korrosionshemmenden Calciumkarbonatschichten im Wasserleitungsrohr. Zeitschrift für angewandte Chemie 1931, 990. Über einen neuen Weg zur Korrosionskurzprüfung. Die chemische Fabrik, 1931, S. 169 u. 184. (Vgl. S. 68.)

Haase 5, L. W. Werkstoffzerstörung und Schutzschichtbildung im Wasserfach. Verlag Chemie G. m. b. H. Berlin 1939. (Vgl. S. 94, 99.)

Haase 6, L. W. Einfluß biologischer Vorgänge auf die Werkstoffzerstörung. K. 1940, S. 155. (Vgl. S. 96.)

Haase 7, L. W. Warmwasserkorrosion und ihre Verhütung. W. 1934, S. 121. (Vgl. S. 98.)

Hadfield, R. A. u. Main, S. A. Korrosion von Eisen und Stahl. Chemisches Zentralblatt 1940, I. S. 1899. (Vgl. S. 25.)

Henniger-Frank, Lehrbuch der Chemie für höhere Schulen, Band 1, Verlag von Teubner, Berlin und Leipzig 1940. (Vgl. S. 77.)

Heyn, E. u. Bauer, O. Über den Angriff des Eisens durch Wasser und wäßrige Lösungen. Mitteilungen aus dem Materialprüfungsamt 26, 1908. (Vgl. S. 61.)

Isgarischew, N. A. Vergleichsstudium der Schutzwirkung von Cadmium-Zink- und anderen galvanischen Überzügen. K. 1930, S. 160. (Vgl. S. 135.)

Jakob, G. Elektrizität in Geschirren, Wochenschrift für Brauerei, Juni 1930, Nr. 25. (Vgl. S. 145, 146.)

Klas, H. Verfahren zur Bestimmung der Bodenagressivität. W. 1938, S. 120—139. (Vgl. S. 131, 133, 134.)

Kolkwitz, R. und Tödt, F. Einfache Untersuchung von Boden und Wasser. Verlag Gustav Fischer, Jena, 1940, S. 20. (Vgl. S. 67.)

Krönig, W. O., Korrosionsprüfmethoden. K 1938, S. 53—62. (Vgl. S. 63.)

K. W. I. = Förster, F. Ein neues Meßverfahren zur Bestimmung des Elastizitätsmoduls und der Dämpfung. Metallk. 1937, S. 109.
Förster, F. u. Köster, W. Elastizitätsmodul und Dämpfung in Abhängigkeit von Werkstoffzustand. Z. Metallk. 1937, S. 116.
Schneider, A. u. Förster, F. Die Messung der Dämpfung und der Eigenfrequenz als Hilfsmittel bei der Korrosionsforschung. Z. Metallk. 1937, S. 287. (Vgl. S. 74.)

Lenard, Deutsche Physik. I. Band, J. F. Lehmanns Verlag, München 1936. (Vgl. S. 55.)

Lichtenberg, H. Die Einwirkung von Wasser auf Aluminium. K. 1940, S. 253—254. (Vgl. S. 112.)

Logan, K. H. und Koenig, E. A. Ein Vergleich von Methoden zur Abschätzung von Erdbodenkorrosion. Chemisches Zentralblatt 1940, I. S. 3174. (Vgl. S. 133.)

Machu, W. Über den Temperaturkoeffizienten der Säurekorrosion des Eisens bis Gegenwart organischer Stoffe. K. 1938, S. 324. (Vgl. S. 95.)

Markhoff, F. Das galvanische Überziehen von Aluminium mit anderen Metallen. K. 1938, S. 18—28. (Vgl. S. 116.)

Masing 1, G. Die Theorie der Korrosion von W. Masing. B. I. S. 3—127. (Vgl. S. 14, 51, 66.)

Masing 2, G. Ein Problem der technischen Elektrochemie. Zeitschrift für Elektrochemie 1936, S. 327. (Vgl. S. 115.)

Mathias, B. A. Rohrleitungen I, zusammengestellt von Thum u. Hold, Chemikerzeitung 1940, S. 339. (Vgl. S. 147.)

Maurer 1, E. Elektrochemisches Verhalten der rostfreien Chrom-, Chromnickel- und Chrommanganstähle im Vergleich mit reinem Eisen. K. 1939, S. 241. (Vgl. S. 62.)

Maurer 2, E. Oberflächenangriff, interkristalliner Kornzerfall und elektrochemisches Potential der rostfreien Chromnickel- und Chrommanganstähle. K. 1939, S. 294. (Vgl. S. 63.)

Michailoff, M. Th. Über die galvano- und potentimetrische Bestimmung des Korrosionsgrades. K. 1932, S. 85. (Vgl. S. 70.)

Müller, E. und Förster, J. Über die Einfluß des Anions auf die Lösungsgeschwindigkeit von Zink in Säuren. Zeitschrift für Elektrochemie 1932, S. 901—906. (Vgl. S. 122.)

Müller, W. J. 1, Die Bedeckungstheorie der Passivität der Metalle und ihre experimentelle Begründung. Verlag Chemie, Berlin W 35, 1933. (Vgl. S. 7, 17, 61.)

Müller, W. J. 2, Der heutige Stand unserer Kenntnisse vom Rosten und der Korrosionspassivität des Eisens auf Grund der Forschungen seit der Jahrhundertwende (K. 1940, S. 390). (Vgl. S. 34.)

Müller, W. J. 3 und Machu, W. Zur Theorie der Passivitätserscheinungen XXXII. Über die Selbstpassivierung von Blei in Akkumulatorensäure. K. 1940, S. 187. (Vgl. S. 128.)

Nitschmann, H. Beitrag zum Problem der Korrosionsmessung bei Metallen. Erfahrungen mit der Reststrommethode von Tödt an Blei. Schweizer Archiv für angewandte Wissenschaft und Technik 1936, S. 96. (Vgl. S. 69.)

Palmaer 1 = Erikson-Auren, T. und Palmaer, W. Über die Auflösung von Metallen. I—III. Z. phys. Ch. 39 (1901) S. 1; 45 (1903) S. 182; 56 (1906) S. 689; Ingeniörs Vetenskaps Akademien Handlingar N. 93: The Corrosion of Metals, Stockholm 1929. (Vgl. S. 15, 61.)

Palmaer 2, W. Eine Schnellprüfungsmethode bei Korrosionsuntersuchungen. Korrosion V, 1936 10—16, V.D.I. Verlag Berlin NW 7. (Vgl. S. 51, 52.)

Panseri, C. Untersuchung von Aluminiumblech, das 40 Jahre der Einwirkung der Stadtatmosphäre ausgesetzt war. K. 1939, S. 29. (Vgl. S. 17, 109.)

Partridge, E. P. und Hall, E. R. Angriff auf den Stahl von Hochdruckkesseln durch Überhitzung infolge von Dampfstauungen. Chemisches Zentralblatt 1940, II, S. 1934. (Vgl. S. 101.)

Peters, F. I. Organische Schutzüberzüge für Sonderbeanspruchungen im Apparatebau. K. 1938, S. 262. (Vgl. S. 139.)

v. Pohl, M. Fünfter Bericht des englischen Korrosionskomitees. K. 1939, S. 200. (Vgl. S. 30, 90.)

Prill, P. u. Böhm, E. Versuche zum Nachweis der passivierenden Wirkung einer mit Ammoniak beladenen Aktivkohle. K. 1940, S. 86. (Vgl. S. 138.)

Rabald, E. Bekämpfung der Korrosion durch Maßnahmen beim korrodierenden Mittel. Die chemische Fabrik 1936, S. 310—311, 473—479. (Vgl. S. 120, 121.)

Raub, E. Die Vorgänge bei der Korrosion von verzinktem und verchromtem Eisen. Chemisches Zentralblatt 1940, II. S. 1935. (Vgl. S. 126.)

Rauch, A. u. Kolb, H. Über die Korrosion von Kupfer und hochkupferhaltigen Legierungen durch Salzlösungen unter besonderer Berücksichtigung der Verhältnisse in der Kaliindustrie. K. 1930, S. 127. (Vgl. S. 70.)

Ritter, F. Korrosionstabellen metallischer Werkstoffe. Wien 1937. Verlag von Julius Springer. (Vgl. S. 16.)

Rocha, H. J. Säurebeständige Stähle, Gesichtspunkte zur Beurteilung ihrer Beständigkeit. Die chemische Fabrik Oktober 1940, S. 379. (Vgl. S. 64.)

Roll 1, F. Beitrag zur Korrosion von Kompressergehäusen des Kühlmaschinenbaues. K. 1940, S. 133. (Vgl. S. 97.)

Roll 2, F. Das Verhalten des vergießbaren Eisens gegen chemische und thermische Einflüsse. K. 1938, S. 106. (Vgl. S. 103, 104.)

Röhrig 1, H. Aluminium 17, 1935, S. 559. (Vgl. S. 111.)

Röhrig 2, H. und Lux, H. Oberflächenschutz des Aluminiums und der Aluminiumlegierungen durch Oxydschichten. B. III. S. 486—565. (Vgl. S. 112.)

Ruttmann, W. (Krupp, Essen). Erklärungsmöglichkeiten für verformungslose Brüche an Kesselteilen. Technische Mitteilungen Krupp 1936, Heft 4, S. 23—29. (Vgl. S. 103.)

Sarx, H. F. Der Rostschutzanstrich im Rahmen der Rohstoffbewirtschaftung. K. 1940, S. 79 u. 80. (Vgl. S. 138.)

Scherer, R. Nickelfreie und nickelarme rost- und säurebeständige Stähle. Die chemische Fabrik 1940, S. 375. (Vgl. S. 96.)

Schiek, H. Oxydische Schutzschichten auf Aluminium und seinen Legierungen nach dem MBV- und EW-Verfahren. K. 1939, S. 37—40. (Vgl. S. 112, 115.)

Schiffler, H. J. und Baerlecken, E. Korrosion durch Gase bei den besonderen Bedingungen der chemischen Synthesen. Die chemische Fabrik 1938, S. 385—390. (Vgl. S. 107.)

Schikorr 1, G. Korrosionsforschung und Korrosionsverhütung. Die chemische Fabrik 1938, S. 157. (Vgl. S. 12,)

Schikorr 2, G. Die Bestimmung der Korrosionsbeständigkeit der Metalle. N.E.M. Verlag Dr. Georg Lüttke, Berlin W 35, Kluckstr. 21. Vgl. S. 10, 26, 27, 29, 32, 33.)

Schikorr 3, G. Über das atmosphärische Rosten des Eisens. Zeitschrift für Elektrochemie 1936, S. 108 u. 113. (Vgl. S. 29.)

Schikorr 4, G. Über das atmosphärische Rosten des Eisens II. Zeitschrift Elektrochemie 1937, S. 697. (Vgl. S. 4, 29.)

Schikorr 5, G. Über die Prüfung der atmosphärischen Korrosionsbeständigkeit von Aluminiumlegierungen. Metallwirtschaft 1938, S. 593. (Vgl. S. 31.)

Schikorr 6, G. Korrosion der Metalle, Chemikertaschenbuch 58. Auflage 1937, I. Teil, S. 109—110. (Vgl. S. 79.)

Schikorr 7, G. Das Verhalten von Zink gegen Natriumchloridlösung und gegen Meerwasser unter atmosphärischen Bedingungen. Zeitschrift für Metallkunde 1940, S. 314. (Vgl. S. 125.)

Schikorr 8, G. Die Veredlung des Zinkpotentials in heißem Leitungswasser, K. 1940, S. 208. Metallwirtschaft 1940, S. 1036—1037. (Vgl. S. 125.)

Schikorr 9, G. Die Bedeutung der Schutzschichtbildung für die Korrosion des Bleis. K. 1940, S. 186. (Vgl. S. 127.)

Schikorr 10, G. Neuere amerikanische Arbeiten über Korrosionsprüfung. Die Chemische Fabrik 1937. S. 491. (Vgl. S 132.)

Schlötter 1, M. Korrosionsschutz durch elektrolytische Metallniederschläge, B. III, S. 393—485. (Vgl. S. 84.)

Schlötter 2, M. Korrosionsbeständigkeit elektrolytischer Zinküberzüge, Chemisches Zentralblatt 1940, II, 2378. (Vgl. S. 124.)

Schultze, G. Chlorhaltige Verbindungen als Bindemittelkomponente in Anstrichmitteln auf Bitumenbasis. K. 1940, S. 88 und 89. (Vgl. S. 138.)

Schultz, E. H. Korrosion I. V. D. I. Verlag, Berlin 1932, Fry 1, S. 501. (Vgl. S. 20.)

Siegel, Korrosionen an Eisen und Nichteisenmetallen. Verlag Julius Springer, Berlin 1938. (Vgl. S. 120, 131.)

Shipley, J. W. und Shipley, J. H. Das Potential einer Eisenelektrode und die Wasserstoffionenkonzentration. Chemisches Zentralblatt 1937, I. S. 2937. (Vgl. S. 62.)

Splittgerber 1, A. Selbstschreibende Apparate zur Kesselwasserüberwachung W. 1937, S. 137. Handbuch der Lebensmittelchemie, Achter Band, Wasser und Luft. Zweiter Teil. Untersuchung und Beurteilung des Wassers I, S. 73 und 74. Berlin, Julius Springer, 1940. (Vgl. S. 67.)

Splittgerber 2, A. Korrosionen im Dampfkesselbetrieb. W. 1938, S. 183 bis 205. (Vgl. S. 100, 101.)

Splittgerber 3, A. Anforderungen an das Speisewasser für Hochdruckkesselanlagen und Überwachung der Wasseraufbereitung. W. 1934, S. 3—41. (Vgl. S. 100, 101, 102.)

Splittgerber 4 = Richtlinien für Wasseraufbereitungsanlagen, Obmann A. Splittgerber. R. Z. 144—145, S. 43. (Vgl. S. 101.)

Splittgerber 5 = Handbuch der Lebensmittelchemie. Achter Band. Wasser und Luft. Erster Teil, Technologie des Wassers, Seite 680. Verlag von Julius Springer, Berlin 1938. (Vgl. S. 102.)

Splittgerber 6, A. Elektrische Kesselwasserbehandlung nach neueren Patentanmeldungen. W. 1937, S. 177. (Vgl. S. 103.)

Sterner-Rainer, R. Über den Einfluß einiger Zusätze und Verunreinigungen auf die Korrosionsbeständigkeit und die Festigkeit von G Al-Mg. (a)-Legierungen. K. 1940, S. 278. (Vgl. S. 110.)

Straumanis 1, M. Das elektrochemische Verhalten und die Auflösungsgeschwindigkeit von Zinkeinkristallen in Schwefelsäure. Zeitschrift für physikalische Chemie 147, 1930, S. 161. (Vgl. S. 15.)

Straumanis 2, M. Die Hemmung der Auflösungsgeschwindigkeit des Zinks durch Legierung mit Kadmium. Zeitschrift für physikalische Chemie 148, 1930, S. 112. (Vgl. S. 15, 122.)

Thiel 1, A, Breuning, E. Beiträge zur Kenntnis der Überspannungserscheinungen. Zeitschrift für anorganische Chemie 83, 1913, S. 329.
Thiel A. und Hammerschmidt W. Zeitschrift für anorganische Chemie 1924, S. 15. (Vgl. S. 14, 15.)

Thiel 2, A. Die Korrosion der Metalle als elektrochemisches Problem. Zeitschrift für Elektrochemie 1927, S. 384. (Vgl. S. 15, 61.)

Thiel 3, A. und Eckell, J. Über Korrosionserscheinungen. 13. Mitteilung. K. 1928, S. 145. (Vgl. S. 15.)

Thompson Smith u. Thomas, C. Marshall. Zink für den kathodischen Schutz von Rohrleitungen. Chemisches Zentralblatt 1940, I. S. 1561. (Vgl. S. 136.)

Tichonow, M. G. und Swerewa, W. P. Bestimmung der Korrodierbarkeit von metallischen Oberflächen mit Jod und Jodstärke. K. 1939, S. 205. (Vgl. S. 40.)

Tödt 1, F. Zusammenfassung und Ausblick, Schlußvortrag auf der 5. Korrosionstagung 1935 in Berlin. Die chemische Fabrik 1936, S. 1. (Vgl. S. 3.)

Tödt 2, F. Der Chemiker als berufener Korrosionsfachmann. Zusammenfassender Fachvortrag auf der Jahresversammlung des Vereins deutscher Chemiker 1934 in Köln. W. 1934, S. 124—133. (Vgl. S. 4, 5, 19.)

Tödt 3, F. Verhalten von Natriumsulfit bei der kathodischen Entladung von Wasserstoffionen. Zeitschrift für Elektrochemie 1935, S. 272. (Vgl. S. 16.)

Tödt 4, F. und Damaschke, K. Eine neue photoelektrische Methode zur Eisenbestimmung und ihre Anwendung auf die Verfolgung des zeitlichen Verlaufes der Eisenkorrosion sowie auf das Korrosionsverhalten von Eisen in der Rüben-Zuckerindustrie. Zeitschrift der Wirtschaftsgruppe Zuckerindustrie 1939, S. 390—432.

Damaschke K. und Tödt, F. Die Verfolgung des Korrosionsverlaufes von Eisen in den ersten Zeitabschnitten mit Hilfe der fotoelektrischen Bestimmung des Eisens als Sulfid. K. 1940, S. 109. (Vgl. S. 17, 18, 4, 62, 63, 68.)

Tödt 5, F. Die Korrosionsgefahr in der Zuckerindustrie. Die deutsche Zuckerindustrie 1936, S. 1129. (Vgl. S. 19.)

Tödt 6, F. Die Bildung von Wasserschichten an der Grenzfläche fest-gasförmig und ihr Einfluß auf die Metallauflösung. Zeitschrift für Elektrochemie 1938, S. 578. (Vgl. S. 29.)

Tödt 7, F. Über die Möglichkeit einer Normung von Korrosionsangaben. Aluminium 1935, S. 392. (Vgl. S. 49.)

Tödt 8, F. Die Normung von Korrosionsangaben und Korrosionsversuchen. Die chemische Fabrik 1936, S. 3. (Vgl. S. 49.)

Tödt 9, F. Grundfragen der Normung auf dem Korrosionsgebiet. Die chemische Fabrik 1937, S. 479.
Gegenwärtiger Stand der Normung auf dem Gebiete der Korrosion in Deutschland. Bericht über die Korrosionstagung in Paris November 1938. K. 1939, S. 339—345. Chemisches Zentralblatt 1939, II, S. 2469 bis 2471. (Vgl. S. 49.)

Tödt 10, F. Der augenblickliche Stand der kontinuierlichen pH-Meßtechnik. Die chemische Fabrik 1937, S. 121. (Vgl. S. 51.)

Tödt 11, F. Korrosion und Reststrom I—III, Zeitschrift für Elektrochemie 1928, S. 586 u. 853.
Tödt, F. Zur Lokalstromtheorie der Korrosion und Passivität. Zeitschrift für physikalische Chemie B, 148, 1930, S. 434 bis 440. (Vgl. S. 65, 67.)

Tödt 12, F. Die laufende Anzeige des Gehaltes an gelöstem Sauerstoff sowie des durch Natronlauge bewirkten Rostschutzes durch Strommessung. Zeitschrift des Vereins der deutschen Zuckerindustrie 1929, S. 680—694. (Vgl. S. 90.)

Tödt 13, F. Die Erhöhung der Auflösungsgeschwindigkeit des Eisens durch oxydierende und reduzierende Substanzen. Zeitschrift für Elektrochemie 1934, S. 536. (Vgl. S. 13.)

Tödt 14, F. Die Ionenaktivität bei extrem hohen Konzentrationen. Zeitschrift für Elektrochemie 1933, S. 521.
Tödt, F. Die Ionenwirkung in Zuckerlösungen und Lösungsmittelgemischen. Zeitschrift des Vereins der deutschen Zuckerindustrie 1932, S. 817—849, Habilitationsschrift. (Vgl. S. 97.)

Trost, A. Röntgenographisches Werkstoffprüfung. Zeitschrift für Elektrochemie 1940, S. 508—512. (Vgl. S. 73.)

Vernon, W. H. J. Neue Untersuchungen über die atmosphärische Korrosion des Eisens. K. 1938, S. 213. (Vgl. S. 29.)

Vollmer, A. Die Bestimmung der Dichte und der Auflagenstärke von korrosionsschützenden Überzügen. Die chemische Fabrik 1938, S. 465. (Vgl. S. 40.)

Waeser, B. Werkstoffe des Apparatebaues. Chemikerzeitung 1940, S. 280. (Vgl. S. 96.)

Walther 1, H. Über die chemischen Vorgänge bei der Oxydation von Bitumen. Vedag Jahrbuch, Mitteilung der Dachpappenindustrie 1938, S. 135—152. (Allgemeiner Industrie-Verlag Knorre u. Co. K. G. Berlin) siehe auch B. III. S. 198. (Vgl. S. 139.)

Walther 2, H. Die Bestimmung des Bitumengehaltes in Gemischen von Steinkohlenteeren und Pechen mit Bitumen durch Messung der Dieelektrizitätskonstanten. Vedag Jahrbuch 1938, S. 104 (Allgemeiner Industrie-Verlag Knorre u. Co. K. G. Berlin). (Vgl. S. 140.)

Werner 1, M. Die Korrosionsnormung in der chemischen Technik. Die chemische Fabrik 1937, S. 482—486, DIN 4852. (Vgl. S. 36, 37, 49.)

Werner 2, M. Blei und Bleilegierungen B. II, S. 478—595. (Vgl. S. 127.)

Wesly, W. Korrosionen durch sulfithaltiges Speisewasser. K. 1940, S. 149. (Vgl. S. 101.)

Wickert, K. Über die Ursachen der starken Bleikorrosion in einem Schwefelsäure-Intensivsystem. Chemikerzeitung 1940, S. 411. (Vgl. S. 127.)

Wiederholt, W. Zink B. II. S. 596—670. (Vgl. S. 122, 126.)

Wirth 1, J. K. Zur Prüfung der Eisenkorrosion unter Schutzfilmen. Die chemische Fabrik 1938, S. 455. (Vgl. S. 142, 144.)

Wirth 2, J. K. Über die Korrosion unter Schutzfilmen. K. 1940, S. 69—76. (Vgl. S. 142, 143.)

Wright, W. A. S. und Brooks. I. H. Kathodischer Schutz von Kondensatorrohren und Kühlern bei Verwendung von Meerwasser. Chemisches Zentralblatt 1940, II, S. 2539. (Vgl. S. 121.)

Zurbrügg, E. Beziehungen zwischen Werkstoffstärke und Korrosion. K. 1940, S. 44. (Vgl. S. 56.)

SACHVERZEICHNIS

Anzeigen

ELOXAL
veredeltes
ALUMINIUM
Der ideale Baustoff für alle Anwendungszwecke.
Beständig gegen alle klimatischen Einflüsse.
Ausgezeichnete dekorative Wirkung.
Für Maschinen-, Flugzeug-, Schiff- und Fahrzeugbau sowie Architektur.
METALLOXYD GmbH, BERLIN O 17 ALT-STRALAU 54/55
Zweigwerke: Metalloxyd Köln-Bickendorf
Julius Chr. Buchholz, Hamburg-Bahrenfeld

FSC
www.fsc.org
MIX
Papier | Fördert
gute Waldnutzung
FSC® C083411

Zeitfracht Medien GmbH
Ferdinand-Jühlke-Straße 7
99095 Erfurt, Deutschland
produktsicherheit@kolibri360.de